住宅外观设计解剖书

［日］ X-Knowledge 编

凤凰空间 译

江苏凤凰科学技术出版社

目 录

现代欧式

协作公司、事务所一览表　　　　　　　　**133**

第一章

提升外观品位的细微技巧

调整住宅的外观设计，对于专业的设计师来说，也并非易事。但是，只要在住宅的附属要素外墙、玄关、绿植等上面稍微花一些工夫，外观的格调就会截然不同。在此将介绍提升外观品位的一些细微技巧。

低成本提升品位的方法

低成本调整住宅的外观并非易事，从追求简约的角度上总结的话，基本上只要添加一些要素，在颜色和形式上加以设计，外观的形象就会焕然一新。现总结一些效果明显的提升品位的方法。

改变外观方法一览

"简单盒子"式的外观，添加一些要素，使其与周围的环境协调。

屋顶斜面的坡度缓和，避免过于尖锐的印象

阳台上安装吊木式的百叶窗，夏天悬挂苇帘可以遮蔽阳光

玄关门选用成品的铝制门并铺装杉木板，给迎面而来的空间增加了色彩感

种植一些简单的小植物，作为象征树

正面安装一扇狭长的窗户，让整体看起来更加饱满

搭置一处花架，缓和一下钢板墙面的生硬感

在与邻家的界限处种植一些植物，使界限感变得模糊

2m 左右的间距处留一条接缝，种植一些类似麦冬的地被植物

各种各样的方法相互整合，即使低成本也能将住宅的外观与周围的环境协调

庭院的地面撒上一些碎石，使混凝土表面增加粗糙感

屋脚下一定要种植低木或地被植物，将屋脚隐藏起来

停车场地面使用混凝土

产品设计上一般不主张改变其外观，住宅的外观设计也是异曲同工。表面上突出的要素越少，越有利于与整体的设计相协调，这种情况并不少见。然而，并不意味着外观设计不重要。

因此，外观设计倾向于将对其的改变降低到最小限度，专注于在其形式和配置上下功夫。

具体来讲就是改变窗户的形式和配置，这是改变外观的第一步。

但是，住宅的外观通常关联到情况复杂的街道，单纯的整理外观的设计没有意义。此时，需要将简约的外观进行"化妆"。其中的王道，就是将木头运用到极致。

阳台和花台上增加木质感，用木板墙遮蔽视线，隐藏呆板的砖块。庭院的

地面上，利用廉价的原料组合加工，使其产生稍许变化。另外，用最小限度的植物配置来弥补单调的建筑物或外观。

以上这些技巧理论，经过整理并运用到住宅设计中，对外观品位的提升有了显著的作用。

简约的阳台

阳台不仅要考虑材料可以更换的功能，还要在外墙与颜色对比上仔细构思。

阳台的构成

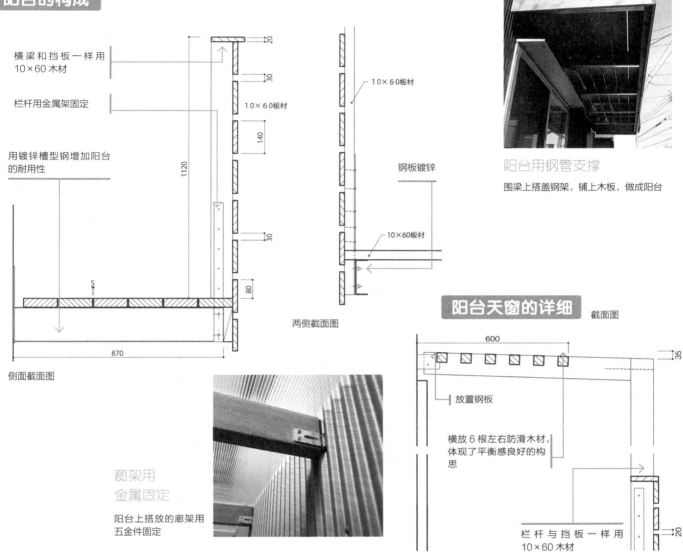

横梁和挡板一样用
10×60木材

栏杆用金属架固定

用镀锌槽型钢增加阳台
的耐用性

侧面截面图

20

30

10×60板材

140

1120

30

80

5

870

10×60板材

钢板镀锌

10×60板材

两侧截面图

阳台用钢管支撑

围梁上搭盖钢架，铺上木板，做成阳台

**廊架用
金属固定**

阳台上搭放的廊架用
五金件固定

阳台天窗的详细

截面图

600

35

放置钢板

横放6根左右防滑木材，
体现了平衡感良好的构思

栏杆与挡板一样用
10×60木材

20

➕ 改变阳台的颜色与外墙相协调

白色 + 暗黑色

外墙的颜色为白色，阳台颜色涂成暗色调

深蓝色 + 橙色

外观为藏青色，阳台颜色涂成橙色系

深棕色 + 明黄色

外墙为深棕色，阳台颜色涂成黄色

2 使用 20×40 板材时，固定方法是关键

纵向百叶不论抵挡视线还是调整外观都很便利，使用 20×40 板材可以降低成本。

✛ 竖形板材的构成和效果

纵向百叶的构成和效果。纵向百叶兼作二楼栏杆，一楼百叶后面就是玄关

同时兼作阳台的栏杆

从二楼的阳台向外看，上部与外部隔断

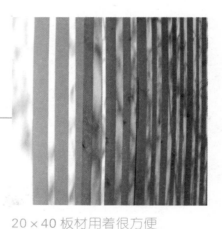

20×40 板材用着很方便

使用约 40mm 的 20×40 板材，钉子斜着全部凿进去

夜景的照明效果最好

夜景中百叶窗被逆光照射，强调了外观的线条美

✛ 选色与外墙相协调

周围是深蓝色的钢板外墙

与深蓝色配色时采用深色系，白色的涂浆外墙上选用百叶

外壁四周使用木板的情况下

外壁周围铺装木板，涂色使用浅色，颜色变换明显

3 踏板和板墙，用低成本打造美丽

业主对踏板的要求比较高，因为对外观带来影响，却不会影响预算，价格低廉。

✚ 20×40 板材和柏木做的低成本踏板

挡板安装赋予韵律性

按照"2块、1块、2块"的节奏改变其间距来安装挡板，张弛有度。

混凝土连同地基打下去

踏板的基底要同地基一起打入地面，上面的短柱竖立

挑檐和阳台廊架的细节一样，做聚碳酸酯加工

考虑耐久性，底部使用混凝土

踏板选用短柱柏木，其余使用 20×40 的杉木

✚ 横放的板墙是关键

板墙使用柏木材

考虑到耐久性和价格，柏木上涂装树脂薄膜

隐藏边界的石砖

边界处的石砖过于突出的时候，用板墙遮盖调整景色，添加植物的话更加出色

使用长绳作为标尺，横放木板时操作方便

混凝土地基用五金固定，横放木板

板墙一般用 4m 长的木材，为了遮蔽视线，高度大约160cm 左右

4 改变庭院地面和停车场

低成本的住宅，庭院和停车场容易显得很单调，借用植物会增加不少色彩。

✚ 庭院地面用廉价的材料组合而成

从庭院路面到门廊用廉价的材料组合，加入些植物效果更好

门廊上屋顶使用聚碳酸酯板

门廊使用木板和柏木材等，混凝土上以木头做基础，再铺上木板，也可以铺一些瓷砖

周围只是多了一些地被植物，印象就大不相同

埋入枕木，中间种植麦冬草

使用做了防腐处理的木材或柏木材等廉价的材料作为枕木，改变其形式加以利用

混凝土在门廊处突出使用

同样是混凝土，在门廊处使用三合土，气氛也会不同

采用大谷石，展现高级感

通风的门廊使用大谷石，大面积的使用，成本也很低，却能表现高级感

✚ 停车场 2m 的间距种植植物

停车场的混凝土地面留出细长的缝隙，种植植物

缝隙的宽度以不会陷入轮胎为宜，一般为10cm左右

大约2m的间距留一处接缝，种植麦冬草等

露出的土地上种植绿植

停车场和房屋中间的缝隙处，也可以种上植物，不仅可以烘托气氛，还可以起到很好地隐藏效果

5 玄关门、门柱、屋檐的小窍门

玄关门和门柱的面积比例很明显，对颜色和产品的选择至关重要。

＋ 在玄关门这些看得见的地方，铺上木板

成品的隔热门＋铺装木板

玄关门选用公寓用的铝制隔热性强的门，表面铺装木板

银色外壁的玄关门

外壁是银色的话，玄关门颜色可以选择褐色或棕色

深蓝色外壁的玄关门

外墙是深蓝色，玄关门颜色涂成茶色

＋ 门柱要活用成品

活用成品门柱的功能

选择功能性门柱时，可以采用三协立山铝业的I型门柱

板墙风的邮箱

板墙风格的门柱，邮箱的轮廓不宜太突出

个性化的邮箱

邮箱有无数个种类，重点是强调其独特性

＋ 清新外观的屋檐

清新的现代屋檐

使用设计清新的现代简约窗檐

用屋檐打造阴影

双槽推拉窗户容易给人平淡无奇的印象，增加小屋檐打造阴影，改善其形象

低成本种植植物的 3 个要点

低成本种植植物，要优先在庭院、屋脚、墙角等种植树木。

种树之前，将树种和树木的大小传达给年轻又品位好的园艺师，细节的判断就委托给他

庭院地面简单地平整一下，停车场地面打磨

为防止植物被车轮压伤，停车场的接缝方向与停车方向垂直相交

与邻居地面的交界处或墙角处，种植一些低木和地被植物

A 宅植物种植园

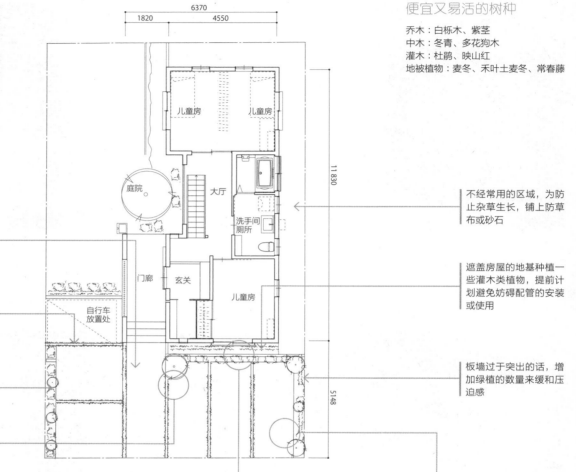

6370
1820   4550

儿童房   儿童房

庭院   大厅

洗手间
厕所

门廊   玄关

自行车放置处   儿童房

11830

5148

便宜又易活的树种

乔木：白栎木、紫茎
中木：冬青、多花狗木
灌木：杜鹃、映山红
地被植物：麦冬、禾叶土麦冬、常春藤

不经常用的区域，为防止杂草生长，铺上防草布或砂石

遮盖房屋的地基种植一些灌木类植物，提前计划避免妨碍配管的安装或使用

板墙过于突出的话，增加绿植的数量来缓和压迫感

✚ 庭院、屋脚、墙脚一定要种植植物

庭院里的象征树

庭院里种一棵中木或乔木，价格低廉的小树也能很好地改善印象

屋脚覆盖绿植

地基如果完全露出来的话，看起来会不协调。用灌木或地被植物遮盖比较恰当

绿色的墙脚定律

墙脚添加绿色植物，印象会大不一样

利用廊架调整外观

将廊架应用在车库、自行车存放处、踏板等处。
除了能够遮挡降雨以及确保耐久性方面，与建筑物保持一致性也是设计上必须要考虑的问题。

玄关与车库之间搭建廊架

车库等处搭建廊架的时候，要考虑与房屋保持一致。

木质的阶梯与玄关相连接，门廊上搭建木质的廊架

车库的廊架一侧向外伸出，不用柱子支撑，外观整体流畅

用枕木或灌入材等廉价材料，将庭院地面与混凝土地面中间缝隙填满

踏板横方向延长

廊架的基本设计从台阶开始，外观统一

躯干和廊架一体化

躯干承担整体构造的一部分负担，省去柱子，使整体轻减一些。

将板材安装在廊架的躯干上，在横棱木上安装一个椽子

防止跌落，等间距打造屋顶构架

砖块上面用衬垫与螺母将基础固定

和躯干相互支撑，把木材安在横撑上，装一个椽子构成屋顶框架

表面看上去是单面支撑

3 玄关前搭建门廊

玄关周围打造木质感的方法中，踏板＋门廊非常有效。

屋顶的树脂厚度为 5mm

白色墙壁和深棕色木头是标准搭配

制作木质功能的门柱，
与周围环境相融合

香柏木表面做涂装

栏杆采用相同式样，考虑到雨水的
因素，需使用耐久性强的涂料

门廊安装部分，使用防水的不锈钢
做出一个椽子

踏板的底部，门廊的柱子

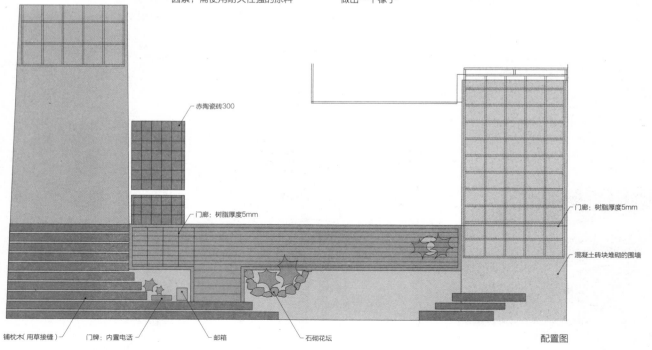

赤陶瓷砖300

门廊：树脂厚度5mm

门廊：树脂厚度5mm

混凝土砖块堆砌的围墙

铺枕木（用草接缝） 门牌：内置电话 邮箱 石砌花坛 配置图

4 用木头装饰钢筋结构的廊架

考虑到廊架的跨度和耐气候性，钢筋结构骨架上铺木头的方法需适当。

将 20×100 的板材搭在角钢上面强调木质感

在 20×40 板材上织格子打造廊顶结构

廊架结构明细

为了保证廊顶的采光，使用 6mm 厚树脂板，椽子用螺丝固定

车库内侧搭在围墙上，用来支撑廊顶

骨架用 100×100mm 镀锌角钢

地面有坡度的车库，需要考虑防护墙和板桩相结合使用

廊架顶部

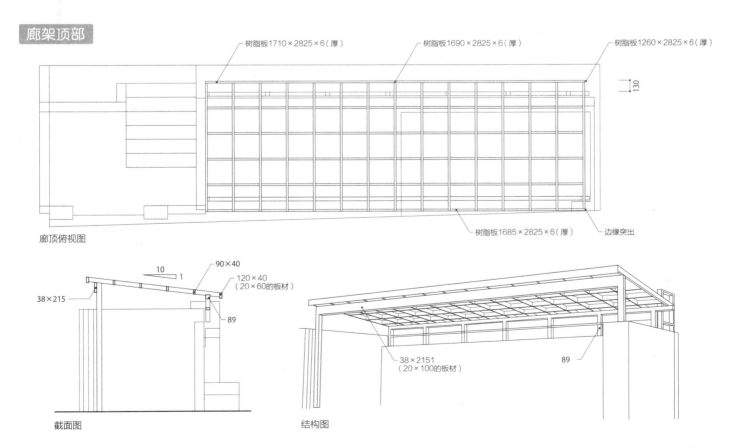

树脂板1710×2825×6（厚）

树脂板1690×2825×6（厚）

树脂板1260×2825×6（厚）

130

廊顶俯视图

树脂板1685×2825×6（厚）

边缘突出

10
1

90×40

120×40
（20×60的板材）

38×215

89

截面图

38×2151
（20×100的板材）

89

结构图

5 使用板材的廊架

搭建简约又便宜的廊架，香柏木是最佳选择。

弯曲的 R 型柱子用椽子顶住，用螺丝固定

柱子（脚撑）和椽子相互支撑，使用在弯曲加工后的集成材 R 型柱子

地面插入五金件用于承载柱子，再用镀锌板将其固定。两根柱子用螺栓和螺母连接

廊架的柱子底部细节，用脚撑固定

脚撑的使用充满设计性。材料用香柏板材构成

廊架顶部

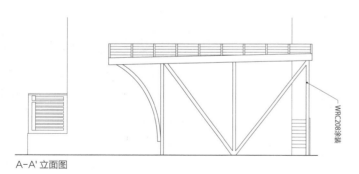

A-A' 立面图

WRC208涂装

平面图

6000
有效 3155
3500
930
2900
1000

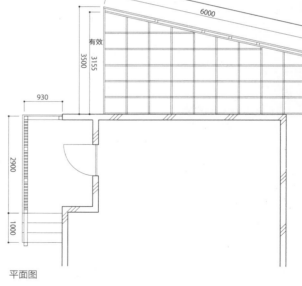

立面图

3200
1200
900

格子50×30
（间隙：60mm）

结构图

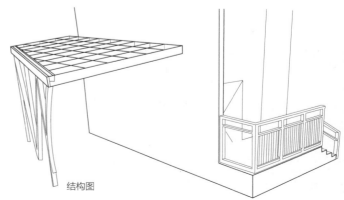

16

围墙·门柱的基本技巧

围墙的尺寸自由度比较高，形式也有很多种，经常运用于遮挡视线和划分区域。
周围的加工材料和植物融合度很好，彼此相结合，外观烘托更加明显。

横向的结构很结实

用板墙围出一个角落，给人印象充实结实。

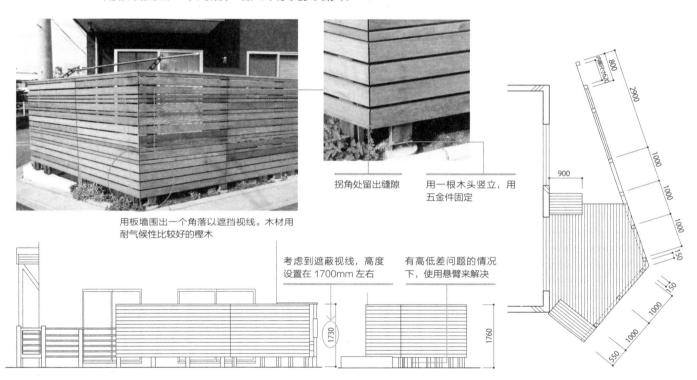

用板墙围出一个角落以遮挡视线。木材用
耐气候性比较好的樫木

拐角处留出缝隙　　用一根木头竖立，用
　　　　　　　　　五金件固定

考虑到遮蔽视线，高度　　有高低差问题的情况
设置在1700mm左右　　下，使用悬臂来解决

竖格子 + 支柱的经典构造

改变支柱和竖格子之间的间距，使其张弛有度，增加材料的数量印象会更加经典。

支柱用比竖格子大一些的断面材料呈现出框型
的结构，传达一种经典的印象

地面上铺上衬垫物，用螺栓和五
金件一起固定

木基础梁和支柱的断面对齐，与地
面相互支撑，外观看起来像一扇门
窗隔扇

竖格子的木材插入木基
础梁里面

格子50×30
（间隙：60mm）

立面图

3 纵横格子交错，强调存在感

由棱木纵横交错组成的方形格子，使木材之间紧密结合，强调存在感。

纵横格子直接用螺钉固定在支柱上

用横格子穿过竖格子交错而成

使用未涂漆的香柏，蔷薇花缠绕在格子之间营造气氛

4 横格子打造清新设计

横格子常用于强调水平方向的线条，外观印象清新。

先把受材用螺钉固定在柱子上

将耐气候性比较好的樫木用五金件固定

拐角和柱脚的细节。材料用耐气候性比较好的樫木

开口率低，强调水平方向的线条能够突出设计感

5 留边框架和横向格子的组合

一般围墙的支柱不会建在建筑物旁边,露出支柱更容易展现设计的个性。

配合廊架，板墙的支柱树立在外侧，将设计的构成展现出来

将建造的构造显露在外，演绎了一种系统化的气氛

木板一端超出去大概50mm 的距离

比较重视隐蔽性的话，可以将木板之间的缝隙控制在 30mm 左右

基底上铺上衬垫插入榫子

柱脚部的构造。使用垂直的支柱和木基础梁。材料使用香柏

6 木质门柱的设计手法

演绎住宅风格的是门柱和门扉，木材使一切设计皆有可能。

✛ 基本理论

门柱和与其相接续的板墙和门扉在设计上达成统一

考虑到耐气候性，树种的选择和涂装成了必要。实例是选用了耐气候性比较好的樫木

门柱和板墙的设计统一，内置电话和邮箱、照明整齐地安装在一起

照明、内置电话、邮箱三者结合，邮箱和照明也可以相互独立

邮箱的投信口有各式各样的设计，有的可以像相片的收纳口，有的只有一个插入口

墙角用灌木或杂草遮挡

✛ 箱型的门柱

纵向加工的香柏木

在照明、内置电话和邮箱的基础上加入门牌的要素

单独设置指示灯的实例

扩大木材的截面并水平横放

将支柱用五金件固定

门柱底部细节。在独立基底上搭建支柱是重点

✛ 格子型门柱

用木板将邮箱隐藏

临街处的墙同样采用竖格子

格子型的门柱设计中，关键是如何遮挡透过格子就可以看到的邮箱

用于遮挡邮箱的木板（香柏）涂黑后，与门柱的材料的差别变得不明显

用木板将邮箱隐藏。

格子型门柱的底部设计简单

底部的设计，用圆钢插入地面固定代替搭建支柱

打造日式风格的方法

日式风格不论在什么年代都很有人气，如今追求日式外观的人也很多。
既要保持现代感，又要打造自然的日式氛围，以下通过实例来介绍其方法。

调整屋檐空间的 5 个方法

屋檐和走廊下的空间是打造日式风格的重要因素，不同屋檐下的构成要素，风格也完全不同。

屋檐的高度控制在 2100mm 左右

玄关门使用推拉的格子门

门廊地板使用寺院用的正方形瓷砖

搭配坚硬印象的正方形瓷砖，缘石使用花岗岩

没有雨水管，活用屋檐的线条

配置列柱，打造寺院般走廊的空间

设置雨水槽，将雨水引流进来

大井松田家的正面图，控制屋檐的高度，凝聚了设计的构思

 屋檐下空间的素材和归纳

屋檐下空间的素材和归纳根据空间的功能性和建筑的风格决定。

走廊的空间
将支撑屋檐的柱子整齐地排列，营造出一种寺院走廊的氛围

把同样坚硬的材料融合在一起
搭配禅宗这种严格的宗派风格，地板使用正方形，缘石使用坚硬的花岗岩

控制屋檐的高度，隐藏地基
屋檐高度控制在 2100mm 左右，将庭院到走廊的地面抬高，提高建筑物周围高度

2 控制屋檐高度

在控制正面屋檐的高度保持在 2100mm 左右的前提下，调整坡度和住宅的高度。

大井松田的家　矩计图

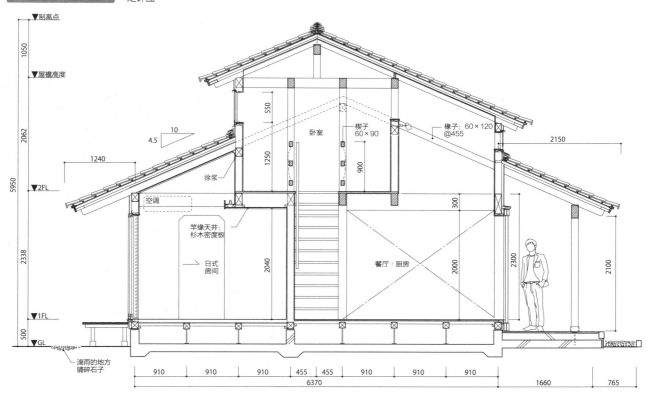

3 调整庭院和地板的高度

庭院→过道→铺路石→走廊→地板，逐步增加其高度，使建筑物和地面在视觉上统一。

大井松田的家　一层平面图

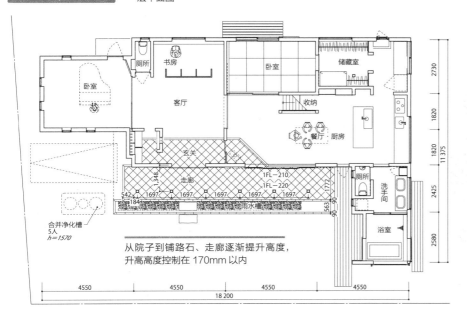

从院子到铺路石、走廊逐渐提升高度，
升高高度控制在 170mm 以内

从缘石到走廊调整高度

缘石→铺路石→方形瓷砖（走廊）高度也逐渐提升

走廊和玄关之间地面

屋檐下设置外廊

在向外突出的屋檐下设置长长的外廊，是塑造自然的日式风格的要素之一。

下总中山的家 矩计图

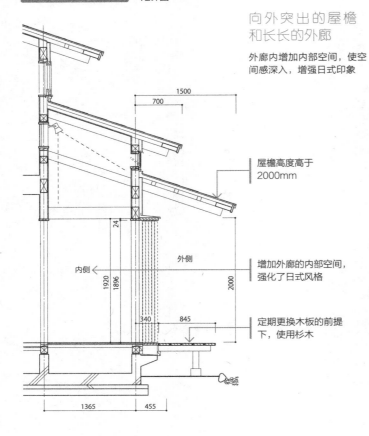

**向外突出的屋檐
和长长的外廊**

外廊内增加内部空间，使空间感深入，增强日式印象

1500
700

屋檐高度高于
2000mm

24

内侧← 外侧

1920
1896

2000

增加外廊的内部空间，强化了日式风格

340 845

1365 455

定期更换木板的前提下，使用杉木

屋檐的线条整齐
强调屋顶水平方向的线条，控制建筑物的整体高度（下总中山的家）

现代风格住宅屋檐下空间的设计

佐久的家 截面图

屋檐＋外廊的空间构成，就算现代风格的建筑也会自然地融入日式风格。

屋檐＋黑色的外廊

虽然正面的结构是箱型，因为屋檐＋黑色外廊的设计，增加了日式氛围

托梁突出的踏板

托梁延伸出来，上面铺盖木板。没有短柱的设计，很有现代感

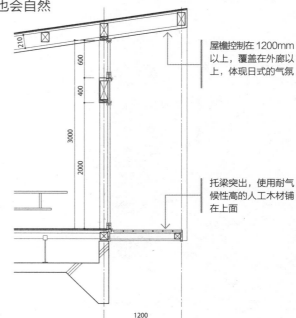

210

600

400

3000

2000

屋檐控制在1200mm以上，覆盖在外廊以上，体现日式的气氛

托梁突出，使用耐气候性高的人工木材铺在上面

1200

玄关周围打造日式风格

玄关是住宅的门面。特别在日式住宅中，注重复古气息的玄关形式和风格，才能更好地表现自然和日式风格。不仅玄关周围的设计，玄关乃至路面的设计同样重要。

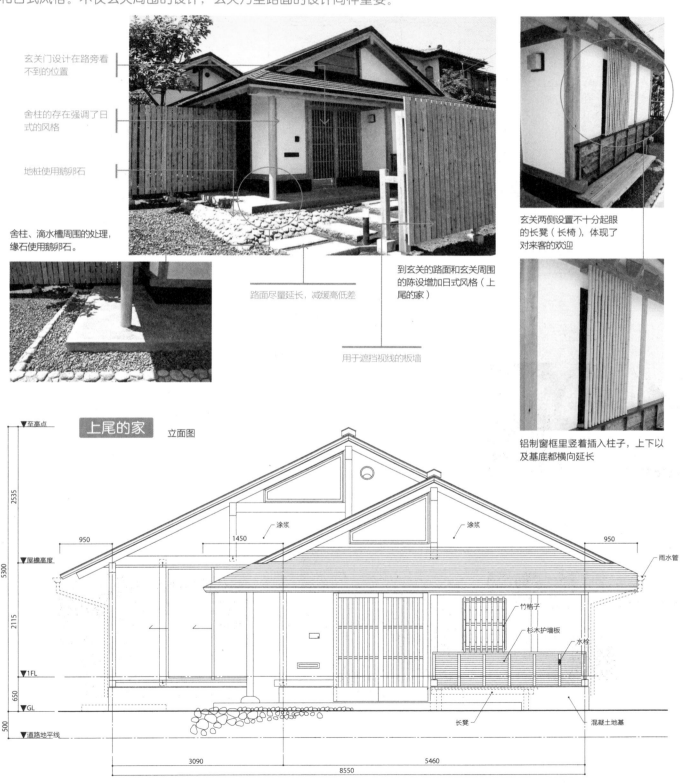

玄关门设计在路旁看不到的位置

舍柱的存在强调了日式的风格

地桩使用鹅卵石

舍柱、滴水槽周围的处理，缘石使用鹅卵石。

路面尽量延长，减缓高低差

到玄关的路面和玄关周围的陈设增加日式风格（上尾的家）

用于遮挡视线的板墙

玄关两侧设置不十分起眼的长凳（长椅），体现了对来客的欢迎

铝制窗框里竖着插入柱子，上下以及基底都横向延长

上尾的家　立面图

▼至高点

2535

▼屋檐高度

5300

950　1450　涂浆　涂浆　950

雨水管

2115

竹格子

杉木护墙板

水栓

▼1FL

650

▼GL

500

▼道路地平线

长凳　混凝土地基

3090　5460

8550

1 调整外观提升品质

建筑物和地面的良好融合是日式住宅的一个特征。因此，外部构造及其重要。

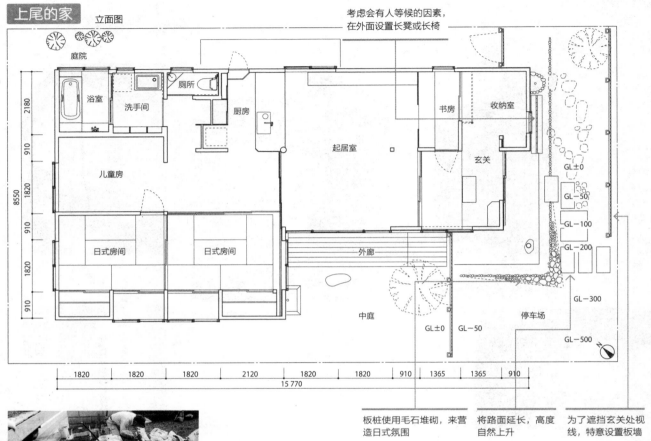

上尾的家　立面图

考虑会有人等候的因素，在外面设置长凳或长椅

庭院

浴室　洗手间　厕所　厨房

儿童房

日式房间　日式房间

外廊

中庭

起居室

书房　收纳室

玄关

停车场

GL±0
GL−50
GL−100
GL−200
GL−300
GL−500

GL±0　GL−50

2180　910　1820　910　1820　910
8550

1820　1820　1820　2120　1820　1820　910　1365　1365　910
15 770

板桩使用毛石堆砌，来营造日式氛围

将路面延长，高度自然上升

为了遮挡玄关处视线，特意设置板墙

玄关前的板桩正在施工，堆砌鹅卵石

2 舍柱的各种构思

营造日式氛围的另外一种方式是舍柱，柱子的形状和底部的设计不同，形象也会大不相同。

方柱 + 黑色花岗石

方形的黑色花岗石上搭配方形柱子，给人硬朗的印象

圆柱 + 白色花岗石

圆形打磨加工后的白色花岗石搭配圆柱，给人柔和的印象

圆柱 + 自然石

圆柱下方搭配自然石，外观形象简约

3 利用玄关的隔扇来打造日式住宅

玄关的隔扇是格子门，格子的组合方式根据设计的不同可以做成各种样式。

竖格子的玄关隔扇

日式住宅一般使用竖格子的拉门，嵌入铜质的槽里面

竖形格子门 + 楣窗的构成

与左图同样是竖形格子门，横向添加一根格栈，组合而成一扇楣窗，样式因此不同

双重格子的玄关门

玄关门使用双重格子，格调因此提升

推拉的格子门

以前格子门经常在商铺的门窗中使用，后来边框和格子逐渐运用到现代风格的建筑中

用推拉的格子门打造房间的整体性

选用推拉的格子门，更能体现整体性和现代感

各种玄关门窗隔扇（格子门）的设计

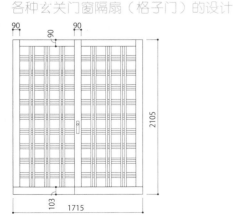

浅草的家·双槽推拉门

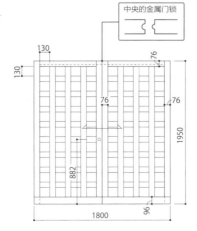

大井松田的家·对拉门

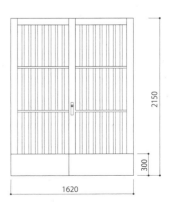

下总中山的家·双槽推拉门

在都市型住宅中打造日式风格

都市型住宅中照样打造日式住宅比较困难，但是，通过设置屋檐下的空间，尽可能地使玄关向后
倾靠等，仍然可以打造日式气氛。此外，还可以通过百叶窗和润饰来塑造日式风格。

整体覆盖人工木的百叶窗，在保护隐私的同时还营造了日式气氛

百叶窗底部的木条延长，兼顾打造屋檐下的空间

内部浇注清水混凝土

清水混凝土和竖格子的对比，打造日式气氛

尽可能向后倾靠，使路面延长

合理利用线杆来整理配线

尽可能向后倾靠的基础上，设置屋檐下的空间，在向后深入的空间里设置玄关

因为设置了防火墙，可以安装木质门

用竖形百叶窗覆盖外观

格子的使用能强烈感受到日式的构思，在横向空间狭小的都市型住宅中效果非常明显。

百叶窗的底端部分突出，并切断

百叶窗使用耐气候性比较高的人工木，比躯体延伸出一部分，整体感觉很利落

百叶窗的间隙

考虑到保护隐私和采光的因素，百叶窗的间隙控制在 50mm 左右

外观整体用竖形百叶窗覆盖

外观整体用竖形的百叶窗覆盖，不仅能保护隐私，同时也调整了外观

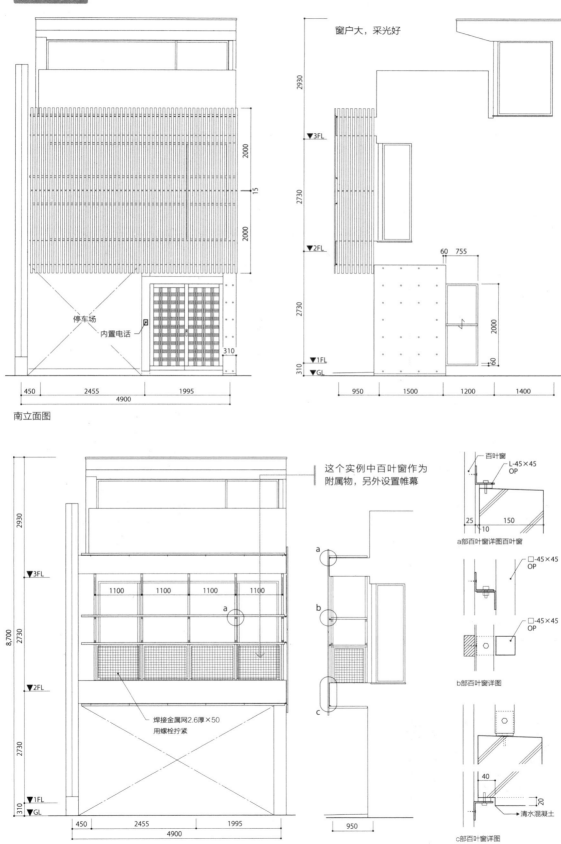

浅草的家

窗户大，采光好

南立面图

这个实例中百叶窗作为附属物，另外设置帷幕

焊接金属网2.6厚×50
用螺栓拧紧

百叶窗底面立面图

东立面图

停车场
内置电话

a部百叶窗详图百叶窗

b部百叶窗详图

清水混凝土

c部百叶窗详图

百叶窗
L-45×45 OP

□-45×45 OP

□-45×45 OP

抵挡日光直晒种植杂木是关键

植物对于外观的调整有很好的效果,最近比较有人气的就是打造杂木庭院。
活用地域性的植物,自然清新的气氛无论什么风格的住宅都很好搭配。
另外,植物有改善环境的效果,结合这两点,介绍植物栽培的一些方法。

1 路面周围

为了突出玄关前的小径,两侧种植一些乔木或灌木

控制道路两侧植物的数量,可以突出远近感

2 停车场周围

停车场两侧种植乔木或灌木,形成树荫,使夏天路面的温度降低

停车场上枝叶悬挂,自然而成的树荫缓和了温度的上升

3 停车场死角

停车场和建筑物之间的死角的空地上种树,可以缓和夏天的阳光反射

在空地上种植植物,缓和阳光反射

 point A 配管要远离建筑物

为了能在建筑物的旁边种植植物,配置配管时要把握好与建筑物之间的距离

point B 乔木-灌木的组合方式

中木和乔木相互交错形成的树荫,可以防止树干干燥,中木和乔木的影子可以使灌木健壮

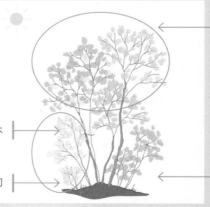

沐浴阳光和风的乔木

茂密的灌木

树荫的空间

乔木守护的灌木·地被植物类

杂木的庭院里主要种植的是落叶阔叶树,冬天树叶落下,室内和庭院里的阳光洒下,夏天形成天然的绿茵。夏季杂木生长迅速,在都市恶劣的湿热环境中,经过适当的管理和种植,对环境的改善发挥重要的作用。四季变换的杂木,在现代生活中不仅能够改善环境,也能给眼睛和心灵带来丰富的感受。(中村真也)

杂木种植的重点

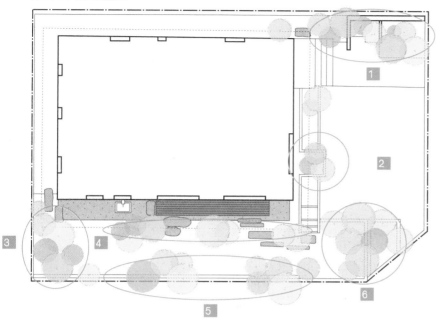

经过 4、5 的实践，打造建筑物前的小径

树木长到二层楼的高度，可以遮挡日晒，缓和反射，提高了改善环境的效果

道路两侧种植植物，住宅外观被树木包围起来

5 道路边缘的周围
种植植物过程中，为了防止重复，要调整好平衡

4 建筑物（窗户）的周围
树木的枝叶长到二层楼的高度，可以缓和夏季室内温度的上升，一楼的窗前为了遮挡外界的视线种植常青树

6
防止夕照

为了防止夏天的夕照，在旁边种植常青树并确保其繁茂，建筑物两侧种植落叶树

建筑物旁边种植落叶树，冬天阳光能够照射进来

1 自然植物属性再生的办法

要恢复自然植物属性，可以模仿地域性环境密集种植，使用自然淘汰的方法。

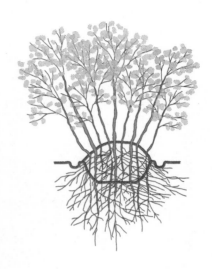

5~10 年后，树根扎深。这之后放置不管的话会生长成为树林（密集林），间伐的话可以成为整排的树木（稀疏林）

做一个土丘，密集种植自然植物

地面向下挖 1m 左右，混合修剪的树枝和落叶重新堆起。
这部分的土壤混合了森林中常见的多种类植物，能促进密集植物的竞争生长

2 培育树苗

性价比高的植物，可以先育苗，两年之后就可以栽培。

从种子开始育苗

将种子放入容器中育苗，两年后就可以用作树苗

将培育的树苗种在庭院中

从种子开始育苗，经过数年后长成树木

杂木庭院里可以使用的树种一览

杂木庭院的植物基本上选择当地的植物就可以，没有特殊的关于树种的规定，选取分布广泛，容易找到的就可以。杂草和小树选择在树荫下可以竞争生长的种类。

落叶树：	乔木、中高木、中木
乔木、中高木	野山茶
麻栎树	麻栎
榉树	细叶冬青
榛树	厚皮香
鹅耳枥树	具柄冬青
狭叶四照花	常青树：
槭树	中低木、灌木
山樱	伞序石斑木
紫荆	乌冈栎
假山茶	珊瑚木
水榆花楸	柃木
野茉莉	杂草：
桦树	鳞毛蕨
大柄冬青树	禾叶土麦冬
落叶树：	麦冬
中木、中低木、灌木	全缘贯众
金缕梅	紫萼
油钓樟	春兰
檀香梅	白芨
腺齿越橘	紫金牛
垂丝卫矛	虎耳草
腊梅	桧叶金藓
蜡瓣花	石菖蒲
常青树：	

第一印象给人好感的外观的条件

住宅的外观，没有必要设计成一种给人强烈冲击力的效果。
大多数人追求视觉舒服的普通设计。

图 1. 住宅的外观美不美，通过拍摄夜景就可以知道了。从
窗户里面流露出来的灯光无比温馨，好感度立即上升

外观的照片是重要的经营工具，
请一位专业的摄像师来拍照吧

　　住宅的外观跟汽车和衣服一样，在表明业主身份地位的同时，体现了业主的品位。因为时刻展现在大家视线前，所以更加追求一种舒适，给人留下美好印象的设计。

　　外观的设计，主要就是对框架也就是构造的设计。木质轴组构法，是用柱子和横梁组合框架的方法。支撑

建筑物的力量通过框架由上而下传递下来。这种自然的力量顺势沿着合理的框架传递时，自然而然地调整着建筑的轮廓。为了使这股力量可以由上到下顺畅地流通，上下楼层的柱子和横梁，必须要规整地呈立体格子形状排列。轮廓的外墙角的通天柱上下不一致等并不是问题。但是楼层之间的

轮廓一致，外观看起开更加明显。

　　打造好的外观，不能仅从平面布置着手。要从看到外观（包括窗户）后在脑海中构想，并开始设计方案。如果能够按照以上介绍的开始着手思考的话，外观的设计应该会经得起洗练。

经过合理整合后的构造，是带来好感的外观的条件，没有好的本质，就没有好的外形

图 2.50 岁以上家庭喜欢的风格。外墙刷浆，控制了屋檐的高度，使横向长度在视觉上延长

图 3. 年轻人喜欢的金属外装，因为外墙颜色是茶色，给人一种柔软的印象，另外还衬托了白色的阳台

图 4. 白色墙壁的两层住宅，简约现代的传统风格，墙壁是窑业系壁板

3 采用自然素材，无论什么年龄都很喜爱的日式风格

图 5~8 中使用木质的比率比较高，强调了自然素材的使用，不过，木质材料仅用于方便维护的部分
图 9 侧面是山形屋脊的构造，采用四坡屋顶结构
图 10 整齐的窗户对整体外观的收纳起到了积极的作用

上一页图 2 的住宅，3×5 间（注：间，日本长度单位。一间等于 6 日尺，约合 1.818m）两层高的和室，附带阳台的简约风住宅。屋檐长度 1200mm，控制屋檐的高度，其横向长度比实际比率视觉上拉长。这些都是日式风格住宅的因素。侧面的面积尽量缩小，因为过大的话会与整体比例不协调。另一方面，屋顶的斜面提高了屋檐的高度，为了打消窗户

上部的迟钝感，将屋檐延伸出来。以上这些都是为了使屋顶整体平衡并看起来整齐所下的功夫。

另外的一个特点是，视线范围内的木材使用很多。不牵涉到防火规定的两楼阳台的栏杆就使用了木材，同时栅栏和踏板都使用了木材。这样一来，尽管墙壁外观并没有使用木板，仍然可以达到强调木质感的功能。

另外，屋檐内侧的防火板壁上也可以铺上木板。高级旅馆等屋檐内侧一般都会铺上木板，这样更容易进入来客的视野，更好地传达了高级感。

最后，加入植物的因素。仅仅是这一个细节就会增加好感度，千万不能错过。由外向内看的角度固然很重要，同时也要考虑又内向外看时的景色。

图 11. 绿色的植物、白色的阳台和入口、茶色的墙壁的对比很美妙

 **4** 外观简约一些，灵活用植物来装饰，
不要忘记从室内向外看的视角的设计

图 12. 从日式房间的落地窗能够看到庭院，体现了设计者的匠心

图 13. 庭院面积并不是很大的情况下，在墙角或窗户周围种植物会增加高级感

通过实例学习提升外观品位

使用可以更换的木质阳台和木板

杉木或柏木的阳台施工性强，外观氛围也很好，大概能够使用8年左右。
在铝板或钢筋上铺装木头也不错。

钢筋·铝板＋木板

钢筋横梁支撑

除地板和栏杆以外使用电镀过的钢筋构架

铝材在阳台上的使用

柱子使用电镀过的
圆钢材，横梁使用
H型钢材

铝材仅用于阳台的构架，栏杆和地板使用
杉木

可移动的长凳

可替换的踏板十分
有用

替换的前提是使用未处理、未涂漆的杉
木木材，在屋檐下能使用8年左右

积极活用杉木

朽坏后替换的木材使用
未涂漆的杉木

长凳的概要　立面图

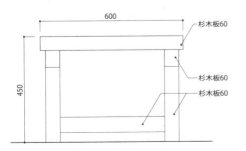

600

450

杉木板60

杉木板60

杉木板60

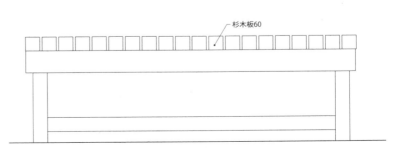

杉木板60

干净明快的木质围栏

使阳台的围栏外观美观，要控制围栏的整体高度，强调水平线条是关键。

活用宽幅的横梁

强调水平线条

使用宽幅的横梁，并向边界外突出一些，强调水平线条（吉祥寺的家）

横梁的宽幅在 20cm 以上

使用 20×100cm 的木材，横梁的宽幅在 20cm 以上，围栏的高度就算低也不会有跌落的风险（中山的家）

吉祥寺的家　截面详细图

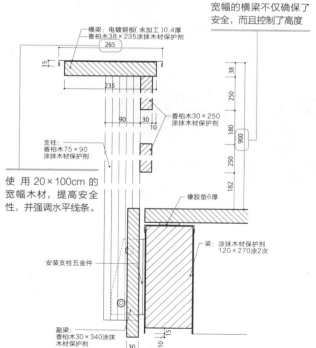

宽幅的横梁不仅确保了安全，而且控制了高度

横梁：电镀钢板（未加工）0.4厚
香柏木38×235涂抹木材保护剂
265
15
235
90　30
10
香柏木30×250
涂抹木材保护剂
支柱：
香柏木75×90
涂抹木材保护剂

38
250
180
900
250
182

橡胶垫6厚
梁：涂抹木材保护剂
120×270涂2次

安装支柱五金件

副梁：
香柏木30×340涂抹
木材保护剂
30
10　15
15

使用 20×100cm 的宽幅木材，提高安全性，并强调水平线条。

吉祥寺的家

横梁向两端突出延长 20cm，强调水平线

立面图

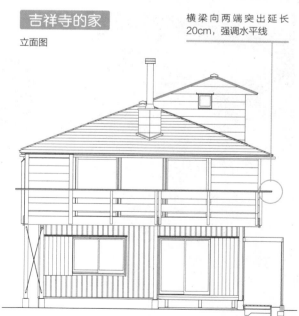

使用透水性好的铺装材料

考虑到防止地面渗透以及热岛效应，使用备受瞩目的透水性好的铺装材料，
在此介绍三合土和碎瓦。

三合土的活用

用土和石灰、沙子、沙粒铺装

将土和沙粒、沙子、石灰搅拌，反复敲打至其凝固，车库也可以使用

土和碎石作为基础，之后放入主要材料水和盐卤并搅拌，再将其铺平

铺平后用夯锤等反复敲打凝固

最后用瓦刀将表面推平

碎瓦的活用

拆毁房屋时剩下的砖瓦碎屑的使用

拆毁房屋时剩下的砖瓦碎屑，最近开始在园艺店里贩卖，用于防止杂草生长

延伸的挑檐可以充当车库

玄关周围延伸的挑檐，同时充当了车库和自行车放置处。外观看起来整齐利落。

将车库和自行车放置处建筑化

一张挑檐的车库

从玄关到车库用一张挑檐遮盖，支柱的间距甚远，看起来很利落（浅见的家）

门廊前覆盖挑檐

门廊前搭建挑檐，可以放置自行车等（市川管野的家）

市川管野的家 配置图

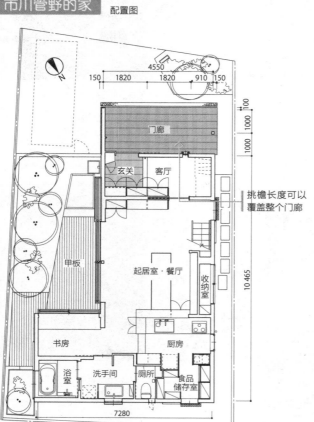

挑檐长度可以覆盖整个门廊

浅见的家 配置图

玄关到车库用一张挑檐覆盖

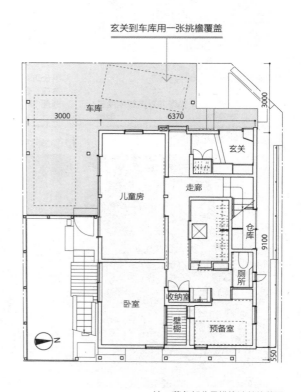

注：蓝色部分是挑檐遮盖的范围

市川管野的家　挑檐·框架的断面详细

玄关前搭盖长长的挑檐，下雨的时候出入也很方便

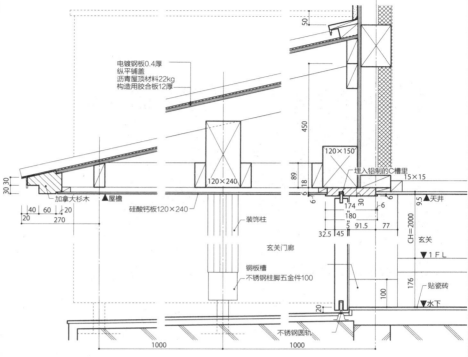

电镀钢板0.4厚
纵向平铺盖
沥青屋顶材料22kg
构造用胶合板12厚

50

450

120×150

埋入铝制的C槽里
15×15

120×240

89
18
6

120×240

硅酸钙板120×240

装饰柱

玄关门廊

铜板槽
不锈钢柱脚五金件100

174　30
180
32.5　45　5　91.5　77

9.5　▲天井

CH＝2000　玄关

▼1FL

176　贴瓷砖

100

20

▼水下

不锈钢圆轨

30 30
40　60　20
20
270
加拿大杉木　▲屋檐

1000　　1000

浅见的家　挑檐·框架的断面详细

2900

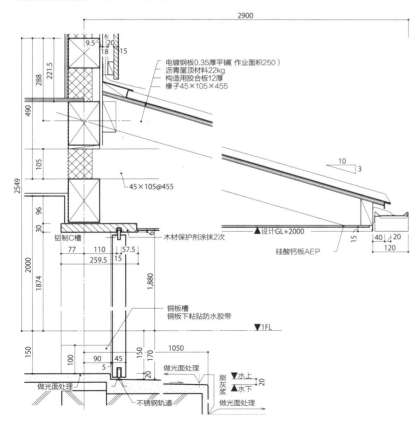

9.5　20　15
18

288　221.5

490

电镀钢板0.35厚平铺(作业面积250)
沥青屋顶材料22kg
构造用胶合板12厚
椽子45×105×455

10
3

105

45×105@455

2549

96

30

铝制C槽

木材保护剂涂抹2次

▲设计GL+2000

15
40　20
120

硅酸钙板AEP

2000

1874

1,880

铜板槽
铜板下粘贴防水胶带

▼1FL

77　110　57.5
259.5　15

150

100

90　45
5

150　170

1050

做光面处理

刷灰浆

▼水上
▼水下

20

不锈钢轨道

做光面处理

做光面处理

玄关两侧的翼墙里安装了可以挂购物袋的吊钩

用通风防雨门调整外观

设置木质的防雨门，在兼顾通风和防盗功能的同时，又改善了住宅的外观。

透光、散光的防盗门

夜景下美好的通风防雨门

夜里的逆光突出了门的线条，勾勒一幅美好的轮廓

上下楼层的中竖框位置一致

晚上房间内的灯光从防雨门的缝隙中钻出来，使得外观趣味无穷

防雨门、纱窗、玻璃窗整齐地配合

外墙的线条是竖向的，与横向的防雨门形成对比

中竖框将门分开，左边的两扇门是推拉门

通过改变外装的材料和后期加工颜色，突出存在感

分开的推拉门，考虑到上锁的需求安装中竖框。为了强调线条，配合外墙的颜色，将中竖框涂黑

门的式样　图纸

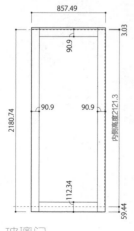

玻璃门

材质：杉木、长度：39.39mm
玻璃：中空玻璃、锁：圆筒销子锁
推拉扶手、拉手：黄铜
门滑轮：SUS 制、滑轨：SUS 制

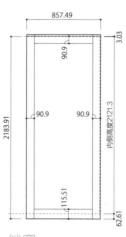

纱窗

材质：杉木
长度：30.3mm
拉手、门滑轮、滑轨：左同

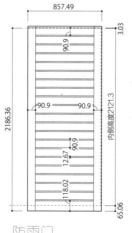

防雨门

材质：杉木、白蜡木
长度：30.3mm、锁：钩镰
拉手、门滑轮、滑轨：左同

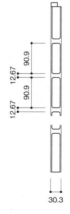

安装框

材质：涂柿漆杉木
古代色：3 色 =1：1

第二章

外观设计全集
最新外观大解剖

如何彻底地利用土地，是如今住宅设计的倾向。

另外，如何使外观更加出色，在设计过程中会花费更多心思。

在此将举出实例，介绍提升外观的设计。

1 给屋顶添加表情

屋顶在很大程度上左右着外观。住宅的外观材料，根据成本的多少，砖瓦、瓷砖类或者钢板的使用基本上固定。复合屋顶的存在，是改善屋顶形式的一个重要提案。

复合屋顶的变化

流行的方法是小块的单坡屋顶重叠，给人一种现代简约的印象。

 + **自然现代搭配**

其中一栋房屋深入，从屋顶的角度看，左边的房子视觉上变小，形式发生变化

单坡屋顶的两侧设置基本左右对称

檐板的颜色使用比外墙的灰色更深的颜色，外观更收敛

左右两侧对称的设计，使房子的大小在视觉上发生改变

雨水管从衔搭的地方弯曲延伸下来

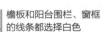

屋顶是尖尖的设计，坡度尽量约束一些

檐板和阳台围栏、窗框的线条都选择白色

衔搭部分的屋顶成为坡度较缓的双坡屋顶

简约现代风格的箱型建筑的应用实例

其中一栋屋子的外墙刷浆，赋予了自然的印象

两处双坡屋顶相联系，强调了可爱的印象

包括檐板在内都统一涂成白色，印象更强烈

○处的屋顶设计前后一致，檐板做成显眼的白色，强调了屋顶之间的联系

双坡屋顶前后重叠的形式比较常见，把两栋房屋错开是重点

建筑家的眼睛

像研究发型一样思考屋顶的形式

　　建设一栋两层住宅，立面很重要，就像人的面容一样。因此如果把屋顶想象成人的头，改变发型或者在头顶上加一顶帽子，都能改头换面。而且跟发型一样，屋顶的组合也受时代流行的影响。例如箱型设计就是其中一种方法，将样式具体化，消除模糊感，专注于新的设计方法的寻找。（西本哲也）

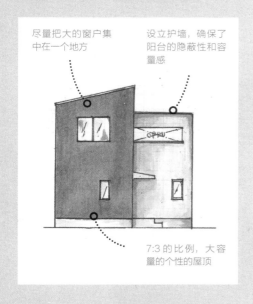

尽量把大的窗户集中在一个地方

设立护墙，确保了阳台的隐蔽性和容量感

7:3 的比例，大容量的个性的屋顶

设置了阳台，与前面双坡屋顶的设计区分，预防了单调

双坡屋顶前后排列，形状相似使外形丰富起来

+ ## 稍微缓和现代的印象

控制屋顶的坡度，尽量减少与右侧平屋顶的差别

右侧的房屋是平屋顶风格，后方是坡度平缓的单坡屋顶

单独看平屋顶的部分，是典型的简约现代风格的设计

整体看的情况下，单坡部分大胆的坡度强调了设计的变化性

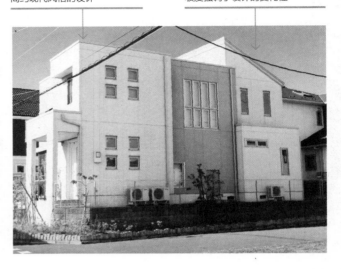

将形状不同的单坡屋顶放在后面，传达了层次感

平屋顶的部分，诺大幅的窗户，给人现代的高级感

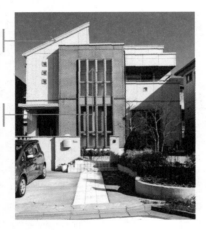

平屋顶房屋的正面没有窗户的现代风格住宅的外观

单坡的屋顶面积很小的情况下，增加屋顶的坡度，更好地传达了变化的效果

 + ## 给住宅增加可爱感

如果没有双坡屋顶，这座住宅就是典型的"四角箱子＋窗户"现代简约风格外观

后侧的房屋屋顶形状不同，强调了层次感

方方正正的住宅立面加入小小的双坡屋顶，增添了可爱感

设置两处双坡屋顶，其中一个的外壁上颜色，强调了存在感，显得俏皮可爱

2 平屋顶露出屋檐内侧

平屋顶最好露出屋檐的内侧，可以突出屋顶的平滑性和轻巧性。

将屋檐分为两部分，使屋檐内侧露出来，增添可爱感

屋檐和屋檐内侧统一使用茶色，和外墙形成对比，效果明显

屋檐变化型

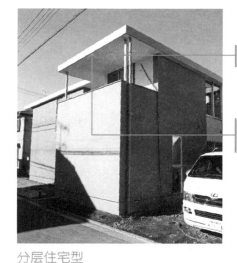

分层住宅中加入一个阳台，露出屋檐内侧

屋檐内侧涂成白色，和外墙的蓝色形成对比，强调了平屋顶的平滑性

分层住宅型

翼墙和屋檐在同一平面构成，突出了门的形状

屋檐内侧上铺木材，不用涂装

翼墙一体型

屋顶下的颜色和屋檐的颜色不同，屋檐和翼墙铺装相同颜色的铁板，突出了门的形状

强调屋檐内侧的阴影颜色的效果，选择比外墙浓的颜色

设计一个很大的阳台，屋檐内侧露出的面积也会增加，强调了屋顶的平滑性

大屋顶类型 1

立面窗户很少的情况下，正好突出了屋顶

露出屋檐内侧，强调了屋顶的水平性和大小

大屋顶类型 2

3 披屋是表现日式风格的关键

表现日式风格最有效的方法是对屋顶的设计，披屋和挑檐是两层高住宅的基本要素。

披屋的屋顶被分成两个，水平高度和长短不同，外形从而发生变化

两层双坡屋顶上铺横长的瓦片是日式住宅的王道

搭设长长的挑檐，使日式风格更加突出

屋顶形状是双坡屋顶，体现日式风格

"三层"住宅的屋顶；强调水平方向线条

灵活运用挑檐营造日式气氛

从门口看不到二层屋顶，更加强调披屋屋顶的瓦砖

二层部分的设计是左右对称的双坡屋顶，整体呈现可靠的西洋风格

设置一处披屋，虽然很小却将住宅搭构成一栋二层高建筑，能很好地流露出日式气息

瓦砖和披屋表现日式风格 1

双坡屋顶和披屋相结合，营造日式住宅气氛

瓦砖和披屋表现日式风格 2

建筑家的眼睛

日本住宅的披屋在设计中相当于裙子

　　将带披屋的住宅想象成女性身姿的话，第二层的屋顶相当于头部，披屋就相当于裙子。

　　裙子给人的印象是柔软并优雅，下摆的视线在水平方向延伸。若隐若现的魅力，是设计的重点。（西本哲也）

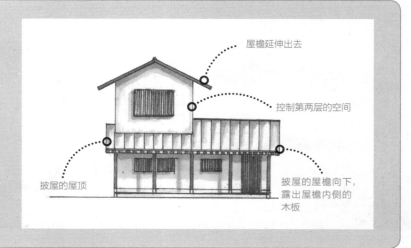

屋檐延伸出去

控制第两层的空间

披屋的屋顶

披屋的屋檐向下，露出屋檐内侧的木板

2

将窗户隐藏

与产品设计相似，建筑表面显出的要素越少，设计看起来更整洁。建筑表面因素主要是窗户，用各种方法将窗户隐藏的话，外观整体看起来愈加整洁。

用百叶窗隐藏
用横向百叶窗遮挡视线。

用长长的横向百叶窗遮挡在中庭部分，外观看起来简约整洁

使用横向百叶窗，可以遮蔽无关的外部视线

二层高的纵向百叶窗在取代格子窗的同时，起到了调整外观的作用

第一层的纵向百叶窗不仅遮挡视线，更突出了层次感并达到强调日式风格的效果

用横向百叶窗遮挡视线

上下楼层灵活使用纵向百叶窗

建筑家的眼睛

调整外观，就像修剪头发的刘海一样

　　把住宅的外观比作人的面容的话，开口部的窗户就像眼睛和嘴巴。百叶窗就是遮挡眼睛和嘴巴的刘海和胡须。人的容貌根据发型的不同会大不相同，百叶窗也能做到这一点。

　　重点是明确百叶窗的横纵基础上，考虑个性并调整平衡。（西本哲也）

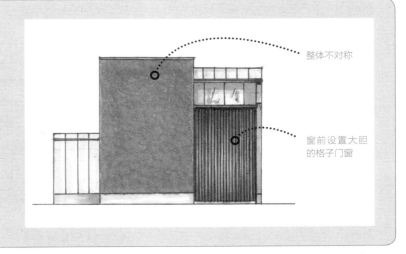

整体不对称

窗前设置大胆的格子门窗

2 用阳台·墙壁隐藏

将第二楼阳台的围墙高度增加，屋檐向外延伸，以便遮挡第两层的窗户，并调整外观。

将阳台围墙增高，使其从地面看不到2楼窗户的同时调整了外观

屋檐和围墙使用一种材料，使外观一致

围墙抬高，从地面看不到二楼的窗户

屋檐向外延伸，与围墙相配合，以便看不到上面的窗户，并调整外观

围墙＋屋檐隐藏

网眼栏杆墙隐藏

用细网眼围栏，通风和遮挡视线相互配合使用，效果甚佳

屋檐向外延伸，地面看不到上部的窗户

使用细网眼的围栏，可以遮蔽窗户

用网眼的围栏隐藏

与外墙使用相同木材的围墙，在遮蔽窗户的同时，强调了木质的存在感

用翼墙遮挡住宅的小壁，调整住宅外观

用围墙＋翼墙隐藏

建筑家的眼睛

阳台不要过度设计

　　将阳台比喻成人的面容，相当于口罩或眼镜。口罩和眼镜的佩戴会给人的形象带来改变，阳台对住宅也有同样的效果。因此，对设计力没有自信的话，推荐不要过度地设计。选择常规的格子等形状，强调素材感。（西本哲也）

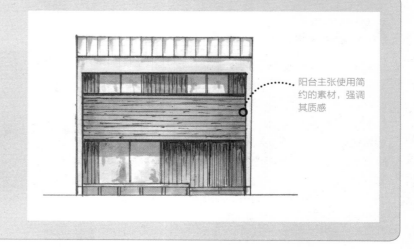

阳台主张使用简约的素材，强调其质感

3 用缝壁隐藏

在窗户和玄关门的前面设置有缝隙的墙壁，采光通风的同时调整了外观。

缝壁延伸到第二楼来遮蔽墙壁，茶色的墙壁和前后形成鲜明的对比

遮蔽门廊和玄关门的同时，考虑玄关的采光，墙壁预留缝隙并安装玻璃

覆盖整体的缝壁

墙壁内侧没有窗户，为了调节平衡，缝墙延伸到二楼中央

为玄关遮蔽视线设置的墙壁，缝隙部分设计成方孔造型

隐藏玄关周围的缝壁

4 用植物隐藏

用树木遮蔽窗户最自然，无论什么风格的设计都很适合。

树叶繁茂的话，一棵树甚至可以遮蔽道路的视线

阳台旁边栽种植物是定律，能完美遮挡晾晒的衣物和人的出入

用植物遮挡阳台 1

竣工时栽种 2m 左右的树，多年后将会十分茂盛。若要栽种更大的树，成本也会相应增加

生活方式虽然各有不同，但在有大窗户的阳台前种树是定律

用植物遮挡阳台 2

建筑家的眼睛

缝壁的设计追求简洁，素材使用要讲究

缝壁和百叶窗相同，都具有弱化或是增补住宅外观的功能。住宅外观需要遮蔽的情况下，设置缝壁。但是其作用不仅是将需要隐藏的外观弱化，还能使住宅若隐若现，增加魅力。

外壁（缝壁）刷浆或者使用木板等材质，选择的关键在于对存在感的追求。（西本哲也）

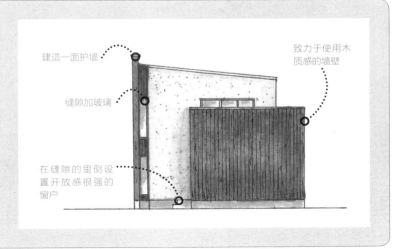

建造一面护墙

致力于使用木质感的墙壁

缝隙加玻璃

在缝隙的里侧设置开放感很强的窗户

3 设置层次

调整层次对于外观的改善十分有效。在基础的设计上加入层次感，在阳台围栏的附属物上下工夫，能自然演绎一种富有好感的印象。

对平面的操作

根据平面进行操作，在住宅主体的设计基础上增加层次，并积极构思、灵活运用此种手法。

在2楼增加一个悬梁，增强外观的冲击感

整体悬垂

建筑一部分后置的设计，经常使用不同的加工材料

门前设置智能门柱、植物、百叶窗等，加强住宅的层次感

右半部分后置

在2楼设置一部分悬梁，使平面屋顶的屋檐延伸出来，强调了层次感

部分悬挂

将阳台悬垂，强调凹凸感

中央的阳台和左右的水平高度不一，强调了多一层的凹凸感

通过阳台的凹凸感来表现层次

阳台·梁桥的利用

利用阳台或连接两栋房屋的梁桥来凸显外观的凹凸感，适用性高，且效果好。

适用性高的手法

透明树脂板（玻璃色）的围栏，非常有效地诠释了层次感，适用性高

透过树脂板能看到后面的窗户，因此窗户的排列也要考虑

细长的屋檐和隐藏于后的窗框，这种减少线条的设计，强调了木质阳台的存在感

木质的阳台从住宅的主体凸出来，并不影响整体的利落感

透明树脂板阳台的利用

用木质阳台使外观增加变化

钢筋的栏杆上铺乳白色的树脂板，强调存在感

正方形的住宅主体上组合三角形的阳台，突出了重点

木板强调水平方向的同时，展现背后大的开口部，突出层次感

垂吊式阳台，等间距排列的吊木成为重点

跳跃出来的三角形阳台

灵活运用垂吊式阳台

自然而生的层次感

凹字形的平面，将左右的空间改变，自然呈现了层次

用百叶窗将左右连接，调整层次感的同时，遮蔽了部分视线

将阳台向前方悬挂，围栏向后伸进，体现了层次感

围栏和外墙颜色一致，在阳台两侧的窗框旁边安装雨水管

中庭将左右分开

用阳台连接左右

3 墙壁·廊架的利用

将外部构造后置比较容易，若良好地组合墙和躯体的话，能更加自然地表现层次感。

在与外观的组合上下功夫

两阶的护墙构成，改变每一阶的高度，能很好地传达层次感

护墙颜色和外墙颜色一致，经过刷浆后，整体印象更加柔和

外装和墙的颜色·形状的组合 1

外墙颜色和住宅墙面颜色一致，使其与整体相融合

长长的挑檐将墙面从中间分开，提高了门扉的平衡感和亲近感

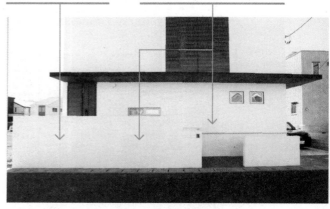

外装和墙的颜色·形状的组合 2

开放性外构的手法

作为车库的屋顶搭建的廊架，存在感很强，突出表现层次感

将庭院的地面融入到车库部分来增加车库廊架的空间，强调其存在感

车库上搭建廊架

阳台的围栏和横长的外墙，素材不同形成对比

外墙在遮挡路边的视线的同时，强调了与玄关之间的距离感

不同素材间的对比

建筑家的眼睛

素材和建筑物外观之间的平衡

外墙和廊架是与住宅相分隔的部分，如何使其相连接很必要。很像鞋子和包。住宅外装尽量使用与整体相近或者高级感的素材，气氛看起来才能更和谐。也有强调差异的手法，简单的住宅，也可以使用有特征的、强调个性的外墙或廊架。

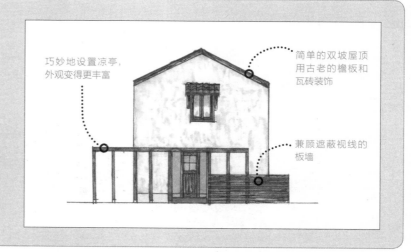

巧妙地设置凉亭，外观变得更丰富

简单的双坡屋顶用古老的檐板和瓦砖装饰

兼顾遮蔽视线的板墙

将墙壁的颜色区分

改变部分墙壁的颜色或素材，是一种常见却十分有效的整理设计的方法。以下，将其方法进行归纳和整理。

左右划分

常见的一种手法是左右划分，通过体量和窗边的变化调整外观。

左右

用平整的涂料来涂装墙面

窗户周围纵向粘贴木材风格的瓷砖

涂装和贴瓷砖的对比

用有纹理的涂料来涂装墙面

右侧用纹理较浅的涂料涂装

改变涂装材料的颜色和纹理

左侧是木材风格的砖瓦墙，窗户周围是带条纹钢板墙

右侧是在水泥墙基础上涂装，百叶窗材质是铝制材

使用三种风格的墙面

左侧部分刷白色的灰浆并留下瓦刀痕迹

右侧部分用贴瓷砖完成

刷浆和瓷砖的对比

2 上下区分 · 套匣状区分

上下层颜色区分的时候，区分的规则和素材的对比决定了外观的印象。

在区分上下功夫

深蓝色的竖纹金属墙面，视觉上营造一种与下部墙面重叠的印象

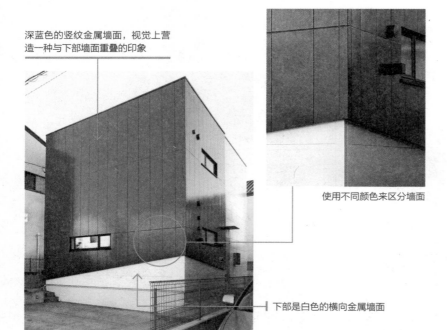

使用不同颜色来区分墙面

下部是白色的横向金属墙面

覆盖不同颜色的金属板来区分

使用不同纹理来区分墙面

住宅的下部用石目调的墙面

使用不同颜色来区分墙面

将阳台融入进行区分

上部涂装白色

下部使用带竖条纹的瓷砖墙面

用涂装和瓷砖来区分墙面

上部白色涂装的同时留一道缝隙

墙壁的中间部分用金属板区分，并将涂黑的木材铺在上面

刷浆和木材区分

左侧用带条纹的瓷砖横铺

右侧使用比较平整的瓷砖

用纹理不同的墙面区分

3 将缝隙融入不同素材中

把缝隙形状融入不同素材中，为了追求视觉冲击力，素材的选择比较有限。

搭配横长窗户，打造木材风格的墙面

阳台部分同样选择木材风

白色部分是石目调墙面

木材风格的墙面1

在阳台外围贴瓷砖，突出阳台

左右使用不同色调的涂料涂装

瓷砖的使用

纵向呈缝隙状粘贴木板

白色墙壁部分使用石目调的墙面

木材风格的墙面2

绿色部分的墙壁材料纵向铺装

窗户周围使用和线条风格搭配的装饰板

线条 + 装饰板的使用

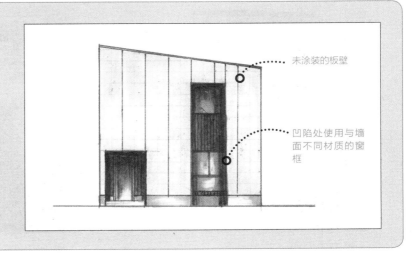

建筑家的眼睛

埋入缝隙是关键

　　住宅外观使用带缝隙的素材时，相较同一面都是缝隙，在有凹凸感的部位增加缝隙效果更佳。凹凸的手法常用于墙壁和阳台中。但是，凹凸面的增加，成本也会随之上涨，在没有凹凸的同一平面使用不同素材，不仅要考虑素材和颜色的配合，更要考虑整体的平衡。

未涂装的板壁

凹陷处使用与墙面不同材质的窗框

5 融入常用式样

设计师不太喜欢 "○○风" 这种风格分类，但是，这种分类很容易表达其印象使客户理解。
最根深蒂固的当然是和风，简约现代风也是其中的一种样式。在此将介绍和风和最近经常出现 "莱特风"。

"莱特风" 的引用

F.L 莱特的建筑中，采用左右对称的分割方式设计，在商品房中流行使用。

窗户周围左右对称，用线条修饰，并分割　　　仿造装饰柱和基石的线条，强调了横向的线条

窗窗＋线条，强调分割的基础上，形成了左右对称的格局　　　线条中间部分通过刷浆改变颜色，更加强调了分割

二楼中央窗户＋柱头风

左右配置的窄窗

线条的使用强调了横向的水平线　　　根据左右对称的规则，以百叶窗式的推拉窗户为中心

木材风格的板壁上设置横向线条，强调分割　　　中央位置的窗户用纵向的线条（比横向长）分割

一楼中央窗户＋横向线条

二楼中央窗户＋横竖线条

12 采用现代和风

现代和风的四个要素是竖格子、圆窗、聚乐风涂料、披屋（挑檐）。满足其中三个要素就能构造出色的和风。

使用木质的百叶窗，归纳外壁

圆窗和竖格子（百叶窗）相同，都是强调和风的素材

有效地表现和风 1

设置披屋，能够看到屋顶面，隐约体现和风

配合圆窗，和风氛围愈加浓郁

自然导入和风

楼上下的配置错开，添加人工木的百叶窗，效果更明显

设置长长的挑檐，使住宅成为三层，更强调了日式的氛围

有效地表现和风 2

在铝制门框上铺人工木，活用现成的百叶窗

建筑家的眼睛

日式现代风格就是深棕色或白色和钣金屋顶、格子的搭配

　　表现日式风格，就要尽量展示木质的屋檐内侧和阳台。另外，将日本传统的材料灰浆、土墙、杉木等因素元素融入外观中极其重要。

　　另外，一般的日式现代风格中，使用棕色和白色的对比，屋顶用瓦砖或钣金。若融入格子元素的话，效果更佳。（西本哲也）

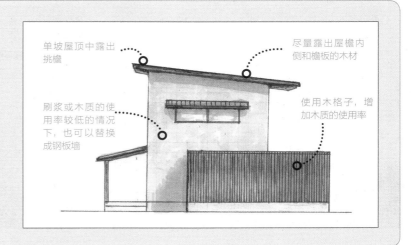

单坡屋顶中露出挑檐

尽量露出屋檐内侧和檐板的木材

刷浆或木质的使用率较低的情况下，也可以替换成钢板墙

使用木格子，增加木质的使用率

6 在附属因素上下功夫

决定外观印象的，是阳台的围栏和门柱等各种附属元素。设计中会考虑是模糊还是重用某元素。不管如何选择，灵活运用低廉的成品也能达到最好的效果。

在阳台的形状和素材上下功夫

阳台的设计方法有很多，尤其是重点突出这一元素时，会有很多的方法可以选择。

成品的铝框＋树脂板的围栏是融入感很强的设计　　横竖的框架成为重点，与整体设计很好融合

钢板直接铺在阳台上

铝框＋树脂板的成品

外墙用钢板包围

只在阳台部分铺钢板　　围栏用冷加工的树脂板固定在扁钢上

乳白色的树脂板嵌入阳台，是设计师的独创设计

扁钢＋树脂板的围栏

使用树脂板的围栏

上部采用小网眼的围栏，遮蔽视线的效果很好

网眼围栏的使用

人工木风的长条材料覆盖在阳台上

拐角处用玻璃胶固定

人工木风的长条形材料的使用

使用仿古的陶砖围成的阳台

使用古风的陶砖墙

围栏上铺木板，与以下的第二项实例的设计共通

周围用涂料刷浆而成

木材 + 涂料的组合 1

将围栏分成三部分，木材面积比例较实例 1 中变小

木材以外的部分用涂料刷浆改变颜色

木材 + 涂料的组合 2

与例 1、2 不同，用细长的木板纵向排列而成

没有横梁的围绕，与例 1、2 相比，木材颜色比较强烈

木材 + 涂料的组合 3

2 在门柱上下功夫

门柱在体现背后的建筑的层次感的同时，也有强调外观设计品位的作用。

用条框将门牌、邮箱、内置电话等结合的简约设计

照明独立设置在门柱旁边

简约的功能门柱 1

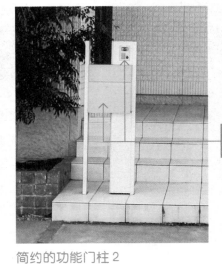

用铝框将内置电话和邮箱相结合的极简功能的门柱

简约的功能门柱 2

两侧安装路灯风格的照明

结合内置电话和邮箱的简约钢柱式的功能门柱

简约的功能门柱 3

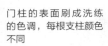

门柱的表面刷成洗练的色调，每根支柱颜色不同

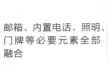

邮箱、内置电话、照明、门牌等必要元素全部融合

刷浆的门柱

邮箱、内置电话、门牌功能的门柱，照明单独设置在玄关两侧

将两根经过防腐处理的枕木竖立，预留配线的空间

木质的功能门柱 1

邮箱、内置电话、照明、门牌等功能齐全的门柱

自然风的住宅推荐将涂成深棕色的木板横铺

木质的功能门柱 2

南洋材的支柱并排，拥有围栏功能的同时，增加了自然感

安装邮箱、内置电话、门牌，将钢筋混凝土嵌入清水混凝土中

枕木＋钢筋混凝土的门柱

全部涂装成白色，仅内置电话周围加入装饰

后面的门柱只安装门牌，旁边竖立独立型的邮箱

分离式门柱

刷浆的门柱旁边竖立南洋材的独立支柱，呈现自然现代感

使用类似手工做的木质邮箱，效果出乎意料的很新奇

刷浆＋枕木的门柱 1

加入弧度的元素，强调刷浆工艺的柔和性

将南洋材有间隙地排列，强调自然的气息

刷浆＋枕木的门柱 2

将邮箱、内置电话、门牌、照明等功能融为一体

用砖瓦表现窗台风格更有效

门柱自然弯曲，中间部分开口的设计，强调了刷浆工艺的柔和性和手工质感

刷浆的门柱

建筑家的眼睛

门柱的设计不能抢住宅的风头，因此需控制其颜色，素材、大小

门柱不像住宅设计，其对功能性要求很高，是造型设计很重要的要素。但是，设计过程中应考虑对包括占地、住宅在内的颜色和素材的控制。在小范围内，有个性的设计在突出重点和引人注目方面还是比较有效的。（西本哲也）

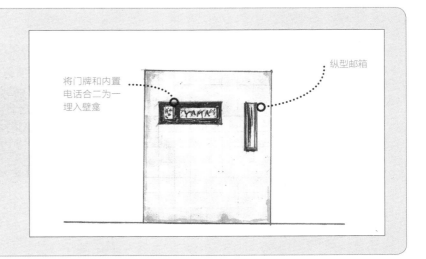

将门牌和内置电话合二为一埋入壁龛

纵型邮箱

13 在墙壁上下功夫

墙壁使用的材料比较有限，在不影响住宅整体设计的基础上，灵活运用成品。

装饰用的混凝土砖块上，设置纵向的百叶围栏

铝框中组合使用人工木和树脂板

木材风的百叶围栏的使用

强调横向的铝制围栏和方形的混凝土砖块相结合

用表面粗糙的砖块和条纹状的混凝土砖块交错拼接

方形砖块和铝制围栏的组合

堆砌最近比较流行的正方形砖块，中间穿插同等尺寸的玻璃块

玻璃块和混凝土砖块的搭配良好

正方形砖块 + 玻璃块

自由勾勒的线条，强调了外观柔和的气氛

混凝土墙表面做刷浆工艺

曲线 + 刷浆工艺的墙

建筑家的眼睛

把墙比喻成鞋子，横向流淌的设计

　　墙可以比喻成鞋子，鞋子是人和地面间的隔断，墙是住宅与外界的隔断。鞋子侧面横向的设计很多，墙壁也强调横向的设计。例如，刷浆和搭木板，都建议在横向上完成。为了避免高度和压迫感，低于人的视线会比较好。为了确保隐蔽性，可以种植植物等。

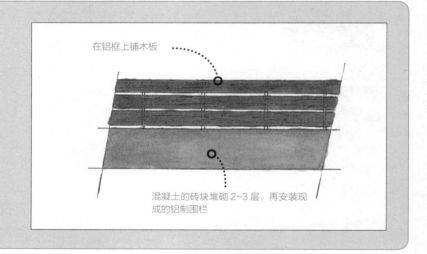

在铝框上铺木板

混凝土的砖块堆砌 2~3 层，再安装现成的铝制围栏

7 专业选择最新外装及外构材料

木质住宅中可以使用的材料不是很多，其中，使用范围最广的就是涂装材料，无论在外观装饰中或是外部结构中都能广泛地应用。在此，将介绍使外观提升的产品。

涂料

涂料要从功能性和构思两方面选择，主题是耐热和抗污能力，白色和黑色可以体现很巧妙的构思。

耐热性能很好的涂料

GAINA（日进产业）的断热、耐热材料，产品已经经过认证，弹性好、透湿性强，对着色、泥瓦刀、滚筒等工具不挑剔，价格较其他公司的弹性涂料和功能涂料高，但是相对性价比更高。不过磨砂工艺表层，较容易弄脏

耐污性强的刷浆涂料

用泥瓦刀或滚筒等工具将沙壁状的材料加工，来添加表情的涂料。凹凸的表面比较容易弄脏，但是这种产品采用低污染型的反复涂装材料，可以长久维持其美观

黑色涂料

沥青环氧树脂涂料，以环氧树脂、沥青为主要原料的这种防腐蚀性能高的涂料在各大公司均有销售。一般用于桥梁、钢管、桶罐等大型容器。防腐蚀的同时，能长期维持黑色的特征

灰浆等涂料

灰浆也就是石灰类的涂料。手感和质感都与石灰类似，而且同样易脏。照片中是内装的实例，同样可以应用于外装中。表面坚硬，不容易开裂。价格较高

特殊涂装

外部结构中使用涂料等湿质材料等特殊手法如今已经普及。技术和设计不同也可以有实现各种构思。

面积较大的地方使用印章水泥

在水泥地面直接混色，水泥硬化后使用着色的手法，加入纹理等元素。设计自由度较高且耐久性比较卓越。一般使用泥瓦刀，根据稀释程度不同也可以使用着色枪

用印章水泥铺设的纹理，阴影的表现更真实

印章水泥的使用实例，模仿罗盘花纹的构思

印章水泥硬化前雕刻的造型手法，成本较高，但可以实现各种构思

工匠技艺精湛的纹理老化处理

这种类似纹理的涂装，一般涂料即可完成。厚度和耐气候性根据使用的产品决定。不过略有弹性和厚膜型涂料很难出现纹理效果。此种特殊工艺，施工者不同技术相差很大

工期短却充满魅力的沥青岩

沥青路面上直接做着色工艺。镂花纸板种类很多，施工天数最少1天，需使用专业的施工工具

混凝土砖块 及瓦块

灰色的色调和正方形的模块、石质的砖块等制品最近人气上升。

方形混凝土砖块

砌面平整，黑色、白色以及深棕色的砖块与现代系住宅风格相衬

方形砖块

陶瓷器的质感和色调的特征特别适合现代自然风住宅

凹凸表面的混凝土砖块

基本尺寸240×90×130mm，纵横交错的接缝体现了现代风

混凝土砌块的墙顶面

铝制顶面，基本尺寸1995×26×160mm，颜色有银色和香槟色

安全顶面、基本尺寸390×45×150mm，混凝土制的横梁，中间有间隙的设计

围栏

隔绝边界用的围栏，狭长的百叶围栏、支柱和钢丝网构成的网状围栏最近人气比较高。

百叶围栏

由多根格子构成，格子内有铁芯，强度高，厚度控制在80mm，适合在狭小的空间内使用。格子间的间隙是50mm和30mm

网状围栏

尖头的围栏，基本尺寸是宽2000mm高2025mm，防侵入性能高的尖头，设计利落简单

外壁材料

以建筑家为代表，大家选择外壁材料时经常使用钢板材料，最近出现了更加注重设计的各种产品。

黑色系的钢板上覆盖木板，外观看起来很融合，并且带来现代感的印象

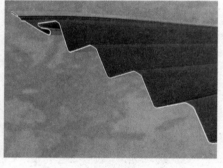

褶皱状有凹凸感的外装材料

与以前的三角波纹和圆形波纹相比，凹凸的阴影更加强调尖锐的印象

第三章

向优秀的施工单位学习
专业外观及外构的设计方法

顶级住宅的外观、外构设计是怎样的呢?

彻底分析备受瞩目的施工单位和事务所的最新实例。现代简约、现代自然、现

代和式、现代欧式以及其他外观及外构的重要设计。

1. 正面和侧面外观不同的住宅

外观看起来像木质的金属外壁

正面的外壁是横向的钢板，像铺了木板一样的独特的设计。为了配合二楼窗户的设计，在下部的玄关处搭设门廊，将整体设计整理

将墙体凹面的位置设置窗户，开口处有防雨窗套的功能，同时突出了开口部的层次感

窗户下部铺杉木，连接一楼和二楼的开口部

侧面做刷浆工艺

侧面外壁为了控制成本，大幅面地刷浆。另外，屋檐不延伸出来，使用耐脏的颜色。雨水管设计在正面看不到的地方

不设置接缝，在墙体的接缝处做弹性的油灰处理，防止开裂

2. 延伸到两楼的钢筋楼梯，用两种颜色分开的墙壁

二楼的外部楼梯，钢筋楼梯做镀锌加工处理

刷浆工艺的外观

外壁经过老化处理，与木质玄关的气氛完美融合

两种材料组合而成的外观

道路两侧部分的外壁墙面刷灰浆，上面再重复刷三种颜色，使外壁有种斑驳感和浓厚感。在瓷砖墙上双色涂装，之后再擦去，可以呈现一种老化感。柔和的气氛和硬朗的气氛对比，呈现一种独特的氛围。因为是两代人居住，设置了两个玄关

3．外观覆盖灰色的钢板，使两层建筑看起来像平房

全钢板住宅的外观

屋顶、外壁全部使用带波纹的深棕色钢板，凹进去的部分设置玄关，邮箱挂在内墙上，内侧墙壁使用松木合板。

使用石笼堆砌石质平台

落地窗前的平台，在用于护岸的石笼里塞满石头，表面用混凝土做平滑性处理

没有挑檐和屋檐的现代感住宅外观

因为只有一楼有窗户，外观看起来像平房。二楼的天窗充当窗户的功能。拐角处直接将钢板弯曲，强调了整体感

4. 用玄关连接的两座白色房屋的住宅

正面外墙统一用固定窗等
正方形窗户

两栋建筑相连接的外观

因为是两代人居住，设置两个玄关。外观涂装
成白色，中央部分后置，用杉木板和木质玄关
连接

以红色为基调的素材感很强的玄关
玄关使用杉木板制作，玄关门廊贴红色系瓷砖

5. 银色墙面上搭配木质阳台的住宅

使用钢板和木材的特色外观

银色的外墙和屋檐内侧的杉木板的外观很有特色。玄关为防火门，使用钢制材料

不影响外观的细长的阳台栏杆

阳台的栏杆很大程度上左右着外观的印象，此处使用钢制的栏杆弱化其存在感

6. 错落有致的外观，色彩低调的住宅

屋顶和外墙的层次使外观发生变化

中央部分后置，左右屋顶的设计不同，使外观也发生变化，外墙在灰浆墙胎上做磨砂化处理

玄关铺装木板，体现高级感

玄关壁和屋顶部铺装经过保护涂料涂装的具有防水性和耐气候性的木材

阳台的栏杆使用不锈钢角管

阳台的栏杆使用不锈钢角管的加工品，踏板使用强度和耐久性强的木板

7. 二楼有大露台，黑色墙壁的住宅

黑色钢板和木质阳台结合

墙壁使用带波纹的黑色钢板，阳台栏杆使用香柏木

玄关使用钢制的白色门

钢质门表面贴杉木板，门廊处使用瓦砖

8. 一楼、二楼都有木质平台的住宅

灰色的钢板和木质的阳台、踏板相结合

南侧木质平台的外观，外壁使用带小波纹的钢板。踏板和阳台、玄关门廊灵活使用木材

带座椅的平台上安装柱子和横梁，用于防晒对策

平台上安装的柱子和横梁上挂帘等能遮挡日晒

与客厅相连，体现了平台的开放感

平台的高度和客厅地板高度一致，具备了第二客厅的功能

深灰色的钢板和腰窗的简单构成

北侧的外观，省略挑檐的利落的设计

9. 白色钢板的外墙和蓝色木质阳台的住宅

白色钢板和蓝色阳台相结合
三角波纹的白色钢板外壁和涂装蓝色的木质阳台的外观

灰色的窗框和白色的钢板相结合
窗框使用现成的铝制品

玄关后置，木材做表面加工处理
玄关两侧的墙壁使用涂黑的柏木板，玄关门使用成品的高绝热门，并铺杉木板

10. 旗杆状地形上错落有致的白色住宅

旗杆地形上白色块状外观的住宅

正面位置不设置玄关，强调白色块状的印象

停车场旁边的水泥路面间
隙里埋入沙石

连同天井的墙壁全部涂成白色，
强调外观的一体感

从住宅内部看2楼阳台，栏杆墙壁的内侧和天井
同样涂成白色。顶梁木选用钣金加工的产品

玄关门廊上部，整体轻快明朗

从玄关门廊仰视，灰浆墙胎上做刷浆工艺，玄关
门是木质的成品

11. 木质防雨窗套为重点的黑色钢板墙壁的住宅

黑色钢板的时尚外观

三角波纹黑色钢板外观、双坡屋顶的住宅，小巧紧凑的窗户给人现代感

防雨窗套的周围使用木材，强调了外观

落地窗设置防雨门和防雨窗套，防雨窗套的成品上铺杉木板

挑檐内侧铺木板，成为外观的重点

仰视阳台，挑檐内侧铺杉木板，强调外观

12. 外墙伸出翼墙的黑色箱式住宅

白色钢板和蓝色阳台相协调

黑色钢板的外装，配合屋顶的屋檐，将外壁延伸作翼墙

黑色块状的外观

仰视阳台，外观看上去像个黑块。阳台的顶梁和外壁使用相同材料

给外观带来层次感的翼墙

翼墙起到了遮挡夕照的作用

13. 错落有致的白色墙壁的住宅

白色墙壁和木材的使用，使外观协调

外墙使用白色涂装，木材的使用成为关键，强调了外观

小巧紧凑的窗户提高了设计感

仰视墙壁，方形的窗户很好地体现了设计感

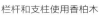

木质的栏杆加深了正面的印象

栏杆和支柱使用香柏木

另外三面墙壁使用黑色的钢板，使用钢质门
强调了外观的尖锐

外墙使用纵向带波纹的钢板，门使用钢制的成品

15. 墙壁上安装太阳能板的单色调的住宅

庭院里注入水

客厅旁边的落地窗外侧庭院注入水，不仅看起来清凉，也有清风徐来的效果

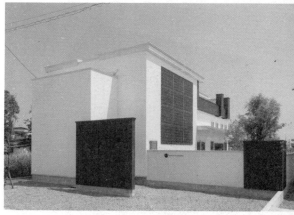

墙壁上安装太阳能板，色调单一的住宅

太阳能板吸收大量日光，使用效率很好。外墙涂装黑色和白色

16. 水平方向延长的屋顶与地面相协调的住宅

单色调的配色和延长的平屋顶为特征的外观

钢筋混凝土结构的建筑物正面，外墙颜色设计单调

屋顶延伸出来，强调了外观

屋顶延伸出来，设置多根钢筋用于支撑，延伸出的部分强调了地平线的印象

供孩子娱乐的公园似的中庭水盘

中庭的水根据季节的变化而选择填充或空置

注入水的中庭

中庭设置混凝土制的水池，水池注入水，中央种植沙罗树

17. 倒梯形的不可思议的住宅

倒梯形为特征的外观
木质住宅的正面，涂装白色和黑色

中庭设置一个宽阔的平台
连接客厅的平台使用树脂性踏板，平台前面注入水

有缝隙的外墙
从右前方观察住宅，拐角处留了一条缝隙，路人可以通过缝隙
欣赏到院子里种植的花楸树

1. 四坡屋顶和墙面绿化的住宅

墙面绿化并铺木板体现了自然气息

一楼铺杉木板，二楼在做涂装工艺基础上再设置不锈钢网，使墙面植物可以顺势生长，屋顶铺钢板

一楼挑檐上面设置一个可
以活动的平台，上面放置
花盆，种植常春藤等植物

选用有木节的木板，强调了木材的斑驳感

一楼部分砖墙基础上纵向铺木板

2. 砖块造型和多处开口的住宅

外观看起来像砖块砌成的住宅

实际是木质住宅，看起来像砖块是因为使用了纤维玻璃这种屋顶材料

外部空间墙壁上的正方形窗户

这些窗户上不安装玻璃，就像墙壁上的洞穴

墙壁使用屋顶材料的纤维玻璃，外观的色调看起来不一样

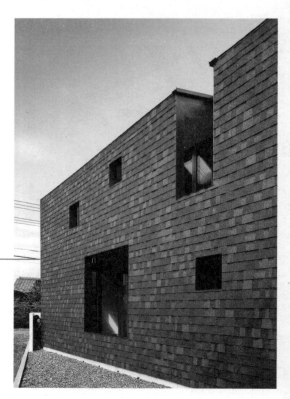

3. 色调朴素的木材和白色墙壁的住宅

白色的墙壁和木材的使用，呈现和式氛围的外观

白色的墙壁和木质的阳台，体现了和式氛围。香柏木涂装后使用

┤墙壁上进行涂装

┤植物周围像堆山一样把土
堆起来，并摆上石块

夜晚灯光照在墙壁上烘托气氛

墙壁周围种植桦树等，夜晚地面灯光照在树木和墙壁上

4. 传统木框窗户的住宅

白色涂装的墙壁和木材的简单配色

窗户周围围绕木板，营造传统印象的外观

平台和二楼的窗户

落地窗外侧设计一个平台，二楼设置一个大窗户，因此午间室内阳光十分明朗

平台中央种植几棵小树

平台中央种植紫茎等简单的小树，旁边设置座椅

屋檐收敛，看起来很利落的现代外观

从住宅正下方仰视，屋檐基本上不延伸出来，给人现代的印象

5. 有木节的杉木铺满墙面的住宅

杉木纵向覆盖的外观

外墙使用未经涂装的有木节的杉木，屋檐向外延伸

覆盖墙面的木材使用两层高的
超长尺寸的木板

墙面使用超长木板，使用普通木材就可以

玄关门使用木质带合页的门，玄
关对面的支柱采用格子门风格

玄关门框内嵌入玻璃，木材表面做平滑处理。对
面的柱子用黑色涂料涂装

玄关前的地面铺瓦片

瓦片的覆盖方向不同，整体形象也不同。玄关门
廊地面用沙石和三合土做平整化处理

6. 三面墙壁铺装杉木板，一面做刷浆处理的住宅

外墙的大部分横向覆盖木板

简单的单坡屋顶轮廓上，大面积的横向覆盖木板

全杉木的二楼平台

二楼的一部分设置平台，全部使用杉木，没有防水处理，雨水直接落到楼下

墙壁和玄关的一体化设计

玄关门表面做处理，玄关与墙壁的材料和间距均相同，强调了整体性

玄关以及翼墙部分全部覆盖木板

外墙和玄关以及翼墙，全部覆盖木板。玄关门廊和天井也覆盖木板，呈现一体感

一面外墙做红色刷浆处理

外墙的三面全部覆盖木板，除此之外，平台一侧的墙壁在灰浆的基础上与屋顶一样做红色刷浆处理

7. 旗杆状地形上建设的二楼有大平台的住宅

围墙和墙壁同样使用原木的杉木板

旗杆状地形上建造住宅，车库的门配合外壁颜色使用木质的成品门

玄关门也配合外壁颜色，
制作木质门窗

仰视外墙，玄关门用木质材料制作

二楼的平台和客厅相连

室内地板使用原木的杉木，平台的地板高度与室内地板持平

在二楼的木质平台上俯视周围

平台的视野很好，平台在做防水基础上铺杉木板，栏杆使用铸造的成品

8. 由两层楼房和一层平房构成的黑色墙壁的住宅

覆盖黑色木板的双坡屋顶的住宅

外墙表面使用涂黑的木板覆盖，屋顶是金属屋顶

一楼落地窗部分设置长长的外廊

外廊的地板使用重娑罗双木，外廊前面设置
充满田间气息的庭院

平房屋顶上设置的阳台

木质阳台因为设置在屋顶上，不用担心防水
的问题

建立在高地上的住宅，周围的树木和黑
色的墙壁很搭配

黑色墙壁和树木在色调上很协调，可以根据植物来决定墙壁
的颜色，以形式合理平衡的外观配色

9. 白色木质百叶窗和绝妙窗户构成的住宅

向水平方向延长，比例协调的外观

外观以白色墙壁为主体，部分使用木材。窗户的配置和设计也很好地整合起来

百叶护栏的阳台

仰视阳台，护栏的木板整齐排列，中间稍微露出缝隙，材料使用香柏木

设法将二楼的腰窗相连接

将铝板和木板嵌在窗户之间的外壁上，使楼层的腰窗连接在一起

10. 披屋上铺木板和双坡屋顶构成的白色住宅

双坡屋顶和披屋相组合的住宅

简约的二层双坡屋顶住宅，增加一处铺木板的披屋，提升了外观的格调

披屋的玄关门配合周围的木板墙壁，使用木质材料

为了使墙壁看起来更具统一性，玄关门使用木质的成品断热门，墙壁使用香柏木

道路的两旁设置花坛

作为住宅的标志，在道路旁边设置门柱和花坛，花坛周围用石头堆砌

11. 外观像平房的有平台的住宅

双坡屋顶和披屋组合的住宅

披屋外壁使用木板，为了与披屋区分，主体部分使用白色。突出的烟囱显得特别可爱

客厅的落地窗外侧设置平台

挑檐向外延伸，防止雨水落在平台上或落地窗内，平台材料使用杉木

有平台的一侧，外观看起来像平房

落地窗和墙壁、披屋的颜色相互衬托，搭配协调

12. 被树木包围的木质走廊的住宅

住宅四周设置的走廊成为外观的重点

郊外的住宅，四周全部设置走廊和檐廊，从每个房间都可以外出

四周被树木包围的住宅

长长延伸的屋顶，在雨天也能够方便地作业和走动

全木材制作的简约方便的走廊

远离建筑的构造，在走廊下安装立柱，使其与主体分离，也便于替换安装。
材料使用柏木

13. 玄关周围铺木板的双坡屋顶和有披屋的住宅

二楼的双坡屋顶，有披屋的住宅

外壁刷成白色，玄关周围部分铺木板，庭院路面使用茶色花岗岩铺路

庭院里铺设砂石

庭院里铺设自然石，踏板下面铺设为方便踩踏的砂石

阳台和平台一体化

平台和阳台都使用柏木制作，替换安装也很方便

14. 墙壁的上下质感不同的住宅

利用预制墙柱和木板组合而成的围墙

在施工简单又容易买到的预制墙柱中间插入木板，木板与地面之间也保持距离

墙脚处的空间种植一些绿植

一楼的墙面涂装，二楼铺钢板，中间的接缝处明显

玄关前的路面铺设凝固的熔岩

玄关门使用成品的钢板防火门，表面铺杉木材。门廊处刷灰浆

围墙内侧设置存水的水槽

混凝土制的水槽，为野鸟留作饮水处

15. 有木质格子门、L字形单坡屋顶的住宅

玄关门和格子门的防雨窗套连接在一起

玄关门和旁边的墙壁、格子门的防雨窗套、格子门全部使用同种材质，呈现一体化

门前庭院设置铺石

铺石使用大谷石、花岗岩。另外放置水钵以烘托气氛

用预制的墙柱安装木质的栅栏，
周围种植绿树来烘托环境

混凝土的墙柱之间组合木质的栅栏，庭院里种植岑树等

16. 铺木板和白色涂装的墙壁，庭院茂密的商用住宅

在二楼分界处用木板和灰浆将住宅外观分开

二楼以上的墙壁用杉木的原木板铺装，平台也使用同样材料。外观呈现出整体感

玄关前的路面两侧种植植物

路面做光面处理，玄关门廊也做相同处理

与邻居相连的用地之间不搭建围墙，缓和地分隔开

因为是商用住宅，不特地搭建围墙，将两户的公共用地缓和地分隔开，将原来院子里的植物保留并再次利用

1. 被植物包围的外观涂装成红色的住宅

外壁的杉木板涂成红色的住宅

外壁的杉木板用红色浸透性木材保护涂料涂装，围墙用 180cm 高 30mm 厚的材料呈百叶式整齐排列

**玄关周围的立柱、
天井全部涂成红色**

玄关门选用木质门，表面铺杉木的面材，门
廊地面用砂石做光面处理

玄关前庭院里种植各种草木

铺石的地面周围种植枫树、檀香梅、桧叶金藓、
大吴风草等

为了不破坏外观、使用自然的木质门窗

安装在外部的木质窗户使用单向的轨道，雨水可以落到下面

2. 两层高的纵向百叶窗，感受和风的住宅

两层高的纵向百叶呈现和风气氛的住宅

白色刷浆的墙壁、杉木板组成的百叶窗强调了简约感

将百叶窗涂成黑色，
活用杉木材

百叶窗支撑玄关的挑檐，支撑材固定在外壁上

落地窗外面设置大的平台

与玄关相反一侧的外观，落地窗外面设置大的平台，周围
种植草坪

庭院前路面用彩色混凝土，做光面处理

庭院两侧种植山茶花、垂丝卫矛、栀子花、过江藤等

3. 建造日式庭院，色调简单的平房

树木、草坪和石头覆盖的外观

屋檐向外延伸的平房的外观，格子门后侧是玄关，前面的石墙是由自然石铺在混凝土上建成

多处种植苔藓和矮草，
打造和式气氛

苔藓选用桧叶金藓，矮草选用知风草、禾叶土麦冬等

路面多处使用石头、沙砾、苔藓等

路面的铺石选用铁平石，周围的沙砾使用茶色碎石，苔藓外侧的沙砾上使用黄土，里侧使用鹅卵石

水瓶是打造和风的一个重要要素

支撑屋檐的支柱涂成黑色，演绎出古老民宅的氛围

4. 现代白色箱状住宅与日式木质住宅并列

现代白色箱状住宅与日式木质住宅并列

白色住宅是加建的私人区域，和式住宅是将储藏室改建成的公共区域。和式住宅外壁使用杉木，落地窗使用木质门窗

两栋住宅都可以使用的一楼的屋顶空间

一楼屋顶平台的空间，从二楼的腰窗可以进出，屋顶材料使用钢板

白色的墙壁使用带波纹的钢板，从二楼的落地窗可以到达旁边的屋顶平台

一楼的屋顶空间可以作为绿化空间或平台，平台材料使用树脂板

5. 木材和钢板横铺的强调横向平衡的住宅

强调横向平衡感

种植的草木也能强调和风，庭院中央有松树，还有金松、槭树等

**护墙板延伸出窗户，
使窗户失去存在感**

护墙板从外壁向外延伸 100mm，从外向里看，
使窗户失去了存在感

三种不同的表面处理方式将外壁分开

二楼铺杉木板、一楼刷浆、前壁使用钢板

6. 纵向轮廓的外墙，木框围绕窗户的住宅

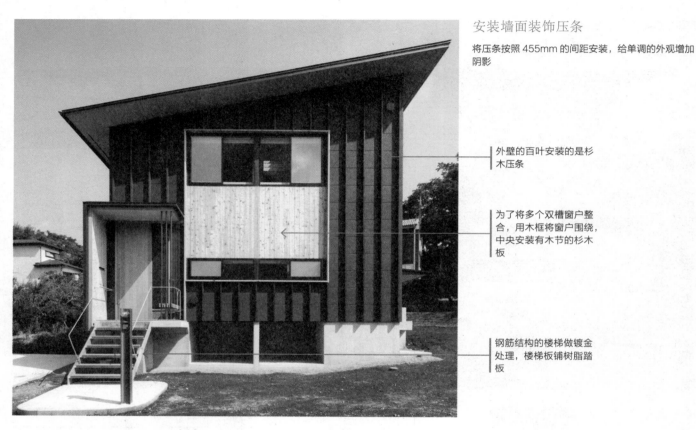

安装墙面装饰压条
将压条按照 455mm 的间距安装，给单调的外观增加阴影

外壁的百叶安装的是杉木压条

为了将多个双槽窗户整合，用木框将窗户围绕，中央安装有木节的杉木板

钢筋结构的楼梯做镀金处理，楼梯板铺树脂踏板

后侧的外壁铺简约的钢板

后侧的外壁用框材将 3 个双槽窗户包围
后侧外壁不安装压条，铺简约的钢板，1 楼设置木质的落地窗

7. 木质双槽门窗的日式庭院的住宅

木质的双槽窗户构成的外观
2 楼设置得小巧紧凑，整体比例很协调。种植多花狗木、山茶树等

路旁的外观只有百叶窗和玄关
考虑外部的视线，不设置窗户。百叶窗和天井使用杉木材

檐廊处配置熏制的杉木算子
长长的檐廊外侧用沙砾、石头等建造日式庭院。踏脚石选用花岗岩

8. 板墙和绿植将外界锁住，庭院丰富的住宅

板墙使住宅与外侧隔绝

道路旁的外观，完全被板墙包围并遮蔽窗户

门柱表面铺杉木板，周围用铁板包围

门柱设置照明和内置电话，内侧的板墙选用杉木板材

背对道路一侧设置大的窗户

将木质门窗的边框涂成红棕色，起到了强调的作用，檐廊的材料选用经防腐处理的杉木

9. 方方正正的日式外观的住宅

外墙的涂浆是此处住宅的特点

涂浆作为基本，窗户外侧设置纵向百叶，以遮蔽窗户。玄关的门牌使用花岗岩

将沙砾和石头运用于栽培植物之中，良好地体现了日式风格

沙砾选用白色沙砾、自然石，植物选用槭树、羽扇槭树

沙砾中庭的对面选用大的木质的落地门窗

中庭里有大的木质门窗，屋顶有隐形的雨水管，竖着的配管落在中庭中

10. 阳台、围墙和玄关使用横向百叶，日式风格的住宅

用阳台和围墙的横向百叶来表现日式风格
阳台和围墙的横向百叶全部将杉木以很小的间距排列

用玄关木质的纵向百叶遮蔽门廊

玄关门前面有百叶窗，出入的时候可以遮蔽外界的视线，玄关门廊的地板材料选用瓷砖

用来遮挡外来视线的玄关百叶

玄关百叶设置后，完全遮蔽了道路上的视线。
玄关百叶的右侧部分将门柱巧妙的嵌入其中

11. 绝妙的窗户和防雨窗罩的设置，有板墙的住宅

窗户配置整齐，使外观统一

窗户高度的间距配置整齐，外观看起来统一性良好。
外墙做刷浆处理

围墙将红杉纵向排列，
间距控制在 10mm 左
右

用木质隔扇制作的进出的拉门

从里面看，进出的拉门拉入内侧

拉门作为板墙的一部分，
选用的材料和间距与整
体的围墙相同

从道路上完全看不到一楼的模样

从前侧看外观，围墙有一定的高度，外观上围
墙的印象增强

12. 被绿色覆盖，拥有很大庭院的以平房为中心的住宅

被树木覆盖的平房和面积很小的二楼住宅

建筑的大部分都是平房，因为被树木覆盖，外面基本上看不出来

草坪和树木覆盖的庭院

庭院中有槭树、海棠等各种树木，还设置了木质的藤架

平房为中心的同时，楼层将建筑的外观分开

从庭院内侧观察外观，平房部分刷浆成白色，二楼部分铺杉木板

13. 木质的腰壁和竖格子为特征，白色日式风格的住宅

木质的腰壁和竖格子的窗户，感受日式风格的外观

板壁采用铺木板的方式施工，墙壁做白色的刷浆处理

玄关门采用竖格子的方式，
演绎日式风格的气氛

玄关门选用隔扇的木质拉门，玻璃窗框的表层铺
竖格子状的木材

客厅到平台开放连接，整体呈一体化

道路相反的一侧是广阔的海景，设置大大的平台，将外面的景色收纳进来

14. 石阶和铺石、自然石构成和树木包围的住宅

石头拼成的台阶为特点的入口

台阶和墙壁使用石头堆砌而成，墙壁的砖块上做灰浆和刷浆处理

被杉木建成的檐廊包围的日式庭院

庭院中铺大谷石，种植梅树、具柄冬青等植物

防雨窗罩的镶板营造日式气氛

从庭院角度看外观，防雨窗罩缓和了窗户的现代感，窗户的大小统一，使外观看起来更和谐

15．小窗和板壁为特征的横长的平房

横长的平房具有卓越的外观比例

横长的平房外观看起来很好看，落地窗连接到天井，整体看起来也很协调

玄关前铺设石板

石板的周围种植桴栌树、假山茶等，玄关门制作时铺柳桉木板

木质隔扇的小窗的外墙

正方形的小窗营造和式气氛，前庭覆盖苔藓，再种植枹栎等

阳台的围墙和外墙刷浆处理为特征的外观

刷浆的同时，确保平台的高度和地板高度一致，平台下部的外墙和防雨窗罩使用木质材料，强调了外观的一致性

作为象征树，在玄关旁边种植具柄冬青

杂乱摆列的石头

木质隔扇拉门的玄关门很漂亮

玄关侧的夜色，玄关门廊和地面做光面处理，自然石和植物也丰富了外观

17. 自然堆砌的石墙和开满鲜花的庭院的平房

堆砌的石墙和平房的外观很协调

石头选用山形县的鸟海石，石头之间种植紫萼树、软条樱花等树木

春日花开满园

季节转变，鲜花开满庭院，有针叶天蓝绣球、细叶鸢尾花等

房间和檐廊、庭院连接的空间

木质隔扇的落地窗可以完全打开，使得客厅、檐廊和庭院连为一体

侧面的墙壁刷浆

与正面的木质墙壁相对，侧面墙壁刷浆处理

18. 木质百叶和玄关，感受纯和风的住宅

纯和风住宅的外观，对木材的活用更加强调了日式气息

外壁用硅藻土刷浆，平台用横向的百叶包围，与日式的外观气氛相吻合

玄关前的纵向百叶窗是为了遮蔽视线设置的，将柏木仔细地排列整齐

铺石选用河川的沙石，玄关门廊地板材料使用天然的三合土

玄关的纵向百叶和铺石的使用体现了日式风格

除了标志性的百叶和铺石，玄关处的屋顶也表现了日式风格的特点

19. 大型的三角形屋顶和中庭溢满水的住宅

不可思议形状的屋顶的住宅

屋顶是变形的双坡屋顶，玄关处为了遮挡北方风雪而特意将前面下垂，外墙刷浆与周围环境相融合

中庭设置溢满水的水盘

面向中庭的方向设置窗户，混凝土建造的水池中储满水

内置型的车库可以躲避风雪

从右侧看正面，从车库侧的木质门可以直接进入中庭

木质腰壁的外观

一楼部分铺杉木板，二楼刷浆处理，防雨窗罩也用木材制作

为了方便出入和外部作业，
在落地窗前面设置三合土地板

设置长长的三合土地板，无论从哪个门出去都方便，
地板做光面处理

种植植物等使木板和刷浆的墙壁更加醒目

竣工后不久的样子，旁边车库屋顶是竣工后新建的，与住宅屋顶一致

21. 精致花坛和铺石庭院的住宅

刷浆的墙壁和窗户构成的外观

从庭院看外观，由落地窗、平台和阳台、刷浆处理的墙壁构成

道路一侧不设置窗户，小巧紧凑的外观

从道路一侧看外观，二楼建在南面庭院一侧，看起来像是平房上搭建了一座孤零零的小屋

拥有花坛和藤架的精致的园艺之庭

地面铺美浓石和碎木屑外，还设置了适合园艺且供鉴赏用的花坛和路面

与墙壁一样经过加工处理的双槽推拉的玄关门

玄关门和墙壁一样，使用相同材料、涂装、设计等加工处理

玄关前路面铺石板，周围种植植物

铺路面时将卵石用灰浆固定，周围种植斑点六道木等

22. 枝繁叶茂的庭院和棕色外墙的住宅

刷浆和披屋的外观体现日式气息

冬天的场景，住宅的内侧设置玄关门廊和有层次感的玄关门，外墙做刷浆处理

矮草覆盖的庭院

地面的矮草茂密，并铺有供行走的石子，平台材料使用柏木

树木包围的自然的住宅

夏天的场景，种植连香树、狭叶四照花等

23. 刷浆和灰色钢板，墙壁上下区分的住宅

刷浆和钢板，将墙面分开的外观

一楼墙面做刷浆处理，二楼铺灰色的带波纹的钢板，连接中央的部分选用杉木板

用美浓石排列铺成的连接玄关的路面

路面两侧种植羽扇槭树、具柄冬青、桦树等

入口处设置有个性的邮箱和门牌

造型作家手工制作的铁质门柱

24. 有大车库和全木质外观的住宅

全杉木板打造的两层高住宅的外观

低成本的郊外的住宅，玄关门是木质的隔扇玻璃门，上方有支柱支撑的挑檐

杉木门里内置车库

车库和外墙同样使用杉木板

二楼的推窗使外观看起来很鲜明

二楼选用推窗，提高了设计感，一楼的木质窗框后安装有百叶窗

124

25. 银色的钢板和木板外墙的住宅

银色钢板和木质外壁的住宅

两层高的带波纹的银色钢板外墙，一楼披屋部分纵向铺木板

阳台围栏上安装铝制的支柱

铝制的支柱和栏杆组合的基础上，从外侧横铺杉木板，地板采用成品

玄关门和杉木板墙壁外观上统一

玄关门与墙壁的杉木板配合选用铝制门

一楼窗户旁边的木质的防雨窗罩

落地窗和腰窗的两侧设置木质的防雨窗罩，挡板上铺木板

栅栏和阳台的木板成为外观的特点

栅栏和阳台使用杉木板，木板的尺寸和间距相同，呈现统一感

落地窗下面设置两层的平台

在平台的下部没有护墙的部分搭建钢筋架构，设置另一层平台

作为墙壁的一部分，设置高窗，并在下面铺木板

高窗的下面做木板的加工处理，另外外墙的木材全部经过环保耐用处理

木质的隔扇玄关门和挑檐

挑檐由支撑材支撑，挑檐屋顶使用钢板，挑檐里侧使用柏木板

宽敞的平台

从落地窗看平台，内侧的铝制三角材支柱上铺木板

27. 一楼有车库的灰色钢板外墙的住宅

一楼有很大的内置车库的住宅

为了避免湿气，采用SF构图法在一楼建造车库

灰色的墙壁和木质的栏杆成为外形的特征

屋顶上设置太阳光发电板，墙壁是有小波纹的钢板

木质的栏杆和阳台是外观的重点

仰视外观，每层的落地窗上都设置了用涂装后的南洋材制作的阳台和栏杆

车库内设置的木质玄关

木质隔扇制作的玄关，侧面设置防御窗罩

1楼的车库和外墙一样做钢板处理

混凝土铺建的车库内侧设有玄关，从汽车或者自行车下车后可以直接进入室内

28. 横向百叶围栏的阳台，木质玄关和防雨窗罩的住宅

横向百叶围栏的阳台是外观的特点

一楼的防雨窗罩、防雨门和木质的隔扇占据了大部分的空间，看起来像木质的墙壁，外墙做刷浆处理

阳台的围栏使用原木材

阳台的横向百叶整齐排列，横梁选用加工过的金属板

铺石选用光面处理的混凝土板

铺石的前方设置枕木，在铺石和枕木中间的缝隙中种植草坪

砖块堆砌的围墙上贴木板

木板选用杉木板，绿色的邮箱是选用的成品

29. 木质板墙和双坡屋顶的住宅

木质支柱和板墙为特点的外观

复古的石墙上搭建柏木的板墙，遮蔽路边的视线，将木质的支柱露在外侧是设计上大胆突破

为防止从外侧看到玄关，用百叶窗将其包围

玄关外侧设置柏木的木质百叶窗，从外侧看不到玄关和房间里的构造

庭院里设置有屋顶的木质平台

落地窗之外设置平台，平台上设置台阶可以到达庭院

外墙做着色的刷浆处理

浅棕色的外墙和深棕色的钢板屋顶，颜色搭配协调

2 楼紧凑的构造使外观平衡

披屋和屋顶的配置强调了外观，外墙的蓝色钢板和整体也很协调

窗户的周围设置木质的防雨窗罩等

从右侧看外观，窗户周围设置防雨窗罩、阳台的木质栏杆等

玄关旁边的窗户用木质的百叶窗遮挡视线

前面有人通过，为了遮蔽视线设置百叶窗。玄关门上部的挑檐安装天然日光板

玄关门选用成品，表面铺满柏木材

在玄关门上纵向的铺木板，邮箱选用的成品

1. 白色墙壁、瓦片和有可爱花台的住宅

白色墙壁和瓦片的可爱的外观

外墙刷浆处理，屋顶使用瓦片，铸铁的花台强调了外观

正面避免使用双槽推拉窗户

从下往上看，推拉窗户属于日本独特的窗户，若安装在显眼的位置，气氛会完全不同

花台使用铸铁的成品，属
于特殊加工的产品，成本
也比较高

2. 西班牙式瓦片和上下推拉窗户为特点的南欧风住宅

南欧风不可或缺的西班牙式瓦片

西班牙式瓦片具有独特的设计，其使用突出了南欧风的印象

多处使用上下推拉的窗户

南欧风要尽量避免使用双槽推拉门窗，上下推拉的窗户在欧洲也很流行，与南欧风的外观相契合

南欧风住宅倡导屋檐不向外延伸

雨水比较少的地域，屋檐的设计可以不向外延伸

协作公司、事务所一览表

相羽建设
东京都东村山市本町 2-22-11
TEL：042-395-4181
HP：http://aibaeco.co.jp/

木船建设
东京都小平市学园西町 2-15-8
TEL：042-409-8801
MAIL：info@woodship.jp
HP：http://www.woodship.jp/

ATELITEROER
三重县四日市市蒔田 4-4-20
TEL：059-366-0311
MAIL：atelier-orb@nifty.com
HP：http://www.atelierorb.org/

笠桧建筑工作室
神奈川县横滨市南区睦町 1-23-4
TEL：045-326-6007
HP：http://www.asunaro-studio.com/

加藤武志建筑设计室
千叶县市川市新田 5-3-3
TEL：047-322-2132
HP：http://www.ne.jp/asahi/kato/takesi/

加贺妻工务店
神奈川县茅崎市矢畑 1395
TEL：0467-87-1711
HP：http://www.kagatuma.co.jp/

OCM一级建筑师事务所
东京都台东区浅草桥 5-19-7
TEL：03-3864-1580
MAIL：oshima@ocm2000.com
HP：http://ocm2000.exblog.jp/

小林创建
长野县松本市高宫北 5-8
TEL : 0263-26-6260
HP : http://www.ksoken.com

KIRIGAYA
神奈川县逗子市沼间 1-4-43
TEL : 046-870-1500
HP : http://kirigaya.jp/

舒适住宅建设
神奈川县镰仓市手广 4-34-7
http://www.kirakunat.com/

菅沼建筑设计
千叶县长生郡长生村宫成 3400-12
TEL : 050-3048-1655
MAIL : suganumakenchiku@gmail.com
HP : http://www.sunoie.com/

居住空间设计 LIVES/CoMoDo 建筑工作室
栃木县河内郡上三町上蒲生 2351-7
TEL : 0285-39-6782
MAIL : info@lives-web.com
HP : http://lives-web.com/

g _ FACTORY 建筑设计事务所
东京都中央区日本桥本町 3-2-12 日本桥小楼 402
TEL : 03-3527-9476
MAIL : g_factory@grace.ocn.ne.jp
HP : http://www.gaku-watanabe.com/

千叶山真童舍
千叶市绿区御弓野南 4-31-4
TEL : 043-292-4590
MAIL : sindosya@sea.plala.or.jp
HP : http://sindosya.jimdo.com/

Tamada 工作室
广岛县福山市南藏王町 5 丁目 10 番地 6 号 2F
TEL : 084-943-8080
MAIL : tamada.koubou@nifty.com
HP : http://tamadakoubou.com/

创和建设
神奈川县相模原市绿区 1707
TEL : 042-687-6400
HP : http://sowa-tm.jp/
MAIL : tkk@muh.biglobe.ne.jp

4SENSE
东京都港区港南 4-1-6 品川 2313
TEL : 03-5783-1701
HP : http://www.4sense.co.jp/

富士阳光
神奈川县横滨市青叶区白鸟台 2-9
TEL : 045-988-1231
HP : http://www.fsh.co.jp/

浜松建设
长崎县谏早市森山町唐比北 341-1
TEL : 0957-36-2203
HP : http://www.hamamatsu-kensetsu.co.jp/

结城总业
山形县上山市阿弥陀地 568
TEL : 023-673-1209
HP : http://www.yuukisougyou.com/

松浦建设
青森县陆奥市柳町 4-12-25
TEL : 0175-22-5809
HP : http://www.matsuura-home.co.jp/

图书在版编目（CIP）数据

住宅外观设计解剖书 / 日本 X-Knowledge 编；凤凰
空间译 . —— 南京：江苏凤凰科学技术出版社，2016.6
　ISBN 978-7-5537-6248-7

　Ⅰ . ①住… Ⅱ . ①日… ②凤… Ⅲ . ①住宅－室外装
饰－建筑设计－图集 Ⅳ . ①TU241-64

中国版本图书馆 CIP 数据核字 (2016) 第 066623号

江苏省版权局著作权合同登记章字：10-2016-024 号
SENSE WO MIGAKU JYUTAKU DESIGN NO RULE 6
© X-Knowledge Co., Ltd. 2015
Originally published in Japan in 2015 by X-Knowledge Co., Ltd. TOKYO,
Chinese (in simplified character only) translation rights arranged with
X-Knowledge Co., Ltd. TOKYO,
through Tuttle-Mori Agency, Inc. TOKYO.

住宅外观设计解剖书

编　　　者　〔日〕X-Knowledge
译　　　者　凤凰空间
项 目 策 划　陈　景
责 任 编 辑　刘屹立
特 约 编 辑　许锦松

出 版 发 行　凤凰出版传媒股份有限公司
　　　　　　江苏凤凰科学技术出版社
出版社地址　南京市湖南路1号A楼，邮编：210009
出版社网址　http://www.pspress.cn
总 　经　 销　天津凤凰空间文化传媒有限公司
总经销网址　http://www.ifengspace.cn
经　　　销　全国新华书店
印　　　刷　深圳市雅仕达印务有限公司

开　　　本　889 mm×1194 mm　1 / 16
印　　　张　8.5
字　　　数　68 000
版　　　次　2016年6月第1版
印　　　次　2024年1月第2次印刷

标 准 书 号　ISBN 978-7-5537-6248-7
定　　　价　69.00元

图书如有印装质量问题，可随时向销售部调换（电话：022-87893668）。